工业和信息化精品系列教材 | Python技术

Computer Vision with OpenCV and Python

OpenCV 计算机视觉基础教程

Python版 | 慕课版

夏帮贵 ◎ 主编

人民邮电出版社
北京

图书在版编目（CIP）数据

OpenCV计算机视觉基础教程 : Python版 : 慕课版 / 夏帮贵主编. -- 北京 : 人民邮电出版社, 2021.8
工业和信息化精品系列教材. Python技术
ISBN 978-7-115-56177-0

Ⅰ. ①O… Ⅱ. ①夏… Ⅲ. ①图像处理软件－程序设计－高等学校－教材 Ⅳ. ①TP391.413

中国版本图书馆CIP数据核字(2021)第053320号

内容提要

本书注重基础、循序渐进，系统地介绍了使用 Python 实现 OpenCV 应用的相关基础知识。本书共分为 10 章，涵盖 OpenCV 起步、图像处理基础、图形用户界面、图像变换、边缘和轮廓、直方图、模板匹配和图像分割、特征检测、人脸检测和识别、机器学习和深度学习等内容。

本书内容丰富、讲解详细，适用于具有一定 Python 程序设计基础的 OpenCV 计算机视觉用户，可用作各类院校相关专业教材，同时也可作为 OpenCV 爱好者的参考书。

◆ 主　　编　夏帮贵
责任编辑　初美呈
责任印制　王　郁　彭志环

◆ 人民邮电出版社出版发行　　北京市丰台区成寿寺路 11 号
邮编　100164　　电子邮件　315@ptpress.com.cn
网址　https://www.ptpress.com.cn
北京市鑫霸印务有限公司印刷

◆ 开本：787×1092　1/16
印张：12.25　　2021 年 8 月第 1 版
字数：310 千字　　2024 年 12 月北京第 12 次印刷

定价：46.00 元

读者服务热线：(010)81055256　印装质量热线：(010)81055316
反盗版热线：(010)81055315
广告经营许可证：京东市监广登字 20170147 号

前 言 PREFACE

计算机视觉是人工智能的一个重要研究领域，主要研究如何让计算机代替人眼实现对目标的分类、识别、跟踪和场景理解等。本书全面贯彻党的二十大精神，以社会主义核心价值观为引领，着眼于计算机视觉这一人工智能技术领域，为建成教育强国、科技强国、人才强国、文化强国添砖加瓦。

OpenCV 是一个跨平台的 BSD 许可计算机视觉库，最早由 Intel 公司发起研究并参与开发。OpenCV 从 4.5.0 版开始，将之前的 BSD 许可更改为 Apache 2 许可，允许企业和研究人员自由使用。Python 功能强大且简单易学，是目前非常流行的程序设计语言之一。通过 Python 来实现 OpenCV 应用，可以帮助读者快速理解并掌握实现计算机视觉应用的基本概念和方法。

本书共分为 10 章，涵盖使用 Python 实现 OpenCV 应用必需的知识。本书针对有一定 Python 基础的 OpenCV 编程爱好者和课堂教学的需要，进行了内容编排和章节组织，争取让读者在短时间内掌握使用 Python 实现 OpenCV 应用的基本概念和方法。

本书具有以下特点。

1. Python 初阶入门

本书讲解使用 Python 实现 OpenCV 应用的方法，读者需要具有一定的 Python 基础，但这并不是必需的。因为 Python 本身简单易学，并且本书的所有示例均添加了详细的注释，所以没有基础的读者也可学习本书。

2. 学习成本低

本书在构建开发环境时，选择了应用最为广泛的 Windows 10 操作系统和 Python 3.9，使用 Python 3.9 自带的集成开发工具 IDLE 和免费的 Visual Studio Code 编写和调试程序。

3. 内容精心编排

OpenCV 功能体系庞大，其 4.5.0 版本包含了 15 个主存储模块和 56 个贡献模块。本书内容在编排上并不求全、求深，不探讨各种计算机视觉处理算法的原理，而是考虑零基础读者的接受能力，选择 OpenCV 中必备、实用的知识进行讲解。本书知识和配套实例循序渐进、环环相扣，涉及计算机视觉处理的各个方面。

4. 提供配套慕课

本书配套慕课覆盖全书内容，在对本书知识点进行详细讲解的基础上进行了一定的扩展和补充，读者只需扫描每节的二维码，即可观看配套的慕课视频。

扫一扫看慕课

5. 强调理论与实践结合

本书每章都安排了实验环节，方便教师安排实践教学内容，也方便学生进一步巩固每章所学知识。

6. 提供完整的学习必备资源

为了方便读者学习，本书提供所有实例的源代码和相关资源。源代码可在学习过程中直接使用。为了方便教师教学，本书还提供了教学大纲、教案、教学进度表和 PPT 课件等资源，读者可登录人民邮电出版社教育社区（www.ryjiaoyu.com）免费下载。

本书主要内容如下。

章序号	章名	主要内容
第 1 章	OpenCV 起步	OpenCV 简介、配置开发环境、使用 OpenCV 文档和示例
第 2 章	图像处理基础	NumPy 简介、图像基础操作、图像运算
第 3 章	图形用户界面	窗口控制、绘图、响应鼠标事件、使用跟踪栏
第 4 章	图像变换	色彩空间变换、几何变换、图像模糊、阈值处理、形态变换
第 5 章	边缘和轮廓	边缘检测、图像轮廓、霍夫变换
第 6 章	直方图	直方图基础、直方图均衡化、二维直方图
第 7 章	模板匹配和图像分割	模板匹配、图像分割、交互式前景提取
第 8 章	特征检测	角检测、特征点检测、特征匹配、对象查找
第 9 章	人脸检测和识别	人脸检测、人脸识别
第 10 章	机器学习和深度学习	机器学习、深度学习

本书由西华大学夏帮贵主编。由于编者水平有限，书中难免存在疏漏和不妥之处，敬请广大读者批评指正。

编者

2023 年 5 月

目 录 CONTENTS

第 4 章

第 5 章

第 6 章

第 7 章

第 8 章

第 9 章

第 10 章

第1章 OpenCV 起步

OpenCV 的全称是开源计算机视觉库（Open Source Computer Vision Library），它是一个开源计算机视觉和机器学习软件库，用于为计算机视觉专业人员提供灵活、功能强大的开发接口。OpenCV 由 C 语言和 C++实现，提供 C++、Python、Java 等多种编程语言接口，并支持 Windows、Linux、macOS、Android 和 iOS 等平台。使用 OpenCV.js，可创建基于 OpenCV 的计算机视觉 Web 应用程序。

本章主要包括 OpenCV 简介、配置开发环境、使用 OpenCV 文档和示例等内容。

1.1 OpenCV 简介

OpenCV 于 1999 年由 Intel 公司的加里 · 布拉德斯基（Gary Bradsky）创建，Intel、NVIDIA、Advanced Micro Devices、Itseez、Xperience AI 和 OpenCV 基金会等拥有相关的知识产权。OpenCV 从 4.5.0 版开始，将以前的 BSD 许可更改为 Apache 2 许可，允许企业和研究人员自由使用。

OpenCV 简捷高效，由一系列 C 语言函数和 C++类构成。OpenCV 包含了 2500 多种优化算法，其中包括一整套经典的计算机视觉与机器学习算法。

OpenCV 拥有一个超过 4.7 万人的用户社区，下载量估计超过 1800 万。OpenCV 在公司、研究小组和政府机构中得到了广泛使用。使用 OpenCV 的知名公司包括 Yahoo、Microsoft、Intel、IBM、Sony、Honda、Toyota 等。

1.1.1 OpenCV 主要功能及模块介绍

OpenCV 的特点及主要功能如下。

- 内置数据结构和输入/输出。

OpenCV 内置了丰富的与图像处理有关的数据结构，如 Image、Point、Rectangle 等。core 模块实现了各种基本的数据结构。imgcodecs 模块提供了图像文件的读写功能，用户使用简单的命令即可读写图像文件。

1.1.1 OpenCV 主要功能及模块介绍

- 图像处理操作。

imgproc 模块提供了图像处理操作，如图像过滤、几何图像变换、绘图、色彩空间转换、直方图等。

- 图形用户界面操作。

highgui 模块提供了图像的图形窗口操作功能，如创建窗口显示图像或者视频、命令窗口响应键盘和鼠标事件、操作窗口中图像的某个区域等。

- 视频分析。

video 模块提供了视频分析功能，如分析视频中连续帧之间的运动、跟踪视频中的目标。videostab 模块提供了视频稳定处理功能，可解决拍摄视频时的抖动问题。optflow 模块提供了与光流操作相关的算法。

- 3D 重建。

calib3d 模块提供了 3D 重建功能，可根据 2D 图像创建 3D 场景。

- 特征提取。

features2d 模块提供了特征提取功能，可以从 2D 图像中检测和提取对象的特征。

- 对象检测。

objdetect 和 xobjdetect 模块提供了对象检测功能，可在图像中检测给定图像的位置。

- 机器学习。

ml 模块提供了机器学习功能，包含了多种机器学习算法，如 k 近邻（k-Nearest Neighbors，kNN）、k 均值聚类（k-Means Clustering）、支持向量机（Support Vector Machines，SVM）、神经网络（Neural Network）等。机器学习算法广泛应用于目标识别、图像分类、人脸检测、视觉搜索等。

- 深度学习。

深度神经网络（Deep Neural Network，DNN）模块提供了深度学习功能。深度学习是机器学习中近几年来快速发展的一个子领域，广泛应用于语音识别、图像识别、自然语言处理、图像修复、人脸识别等。OpenCV 的深度学习支持 Caffe、TensorFlow、Torch、Darknet 等著名的深度学习框架。

- 计算摄影。

计算摄影通过图像处理技术来改善相机拍摄的图像，如高动态范围成像、全景图像、图像补光等。photo 和 xphoto 模块提供了与计算摄影有关的算法，stitching 模块提供了全景图像算法。

- 形态分析。

shape 模块提供了形态分析功能，可以识别图像中对象的形状、分析形状之间的相似性、转换对象形状等。

- 人脸检测和识别。

OpenCV 已在 face 模块中实现了人脸检测、人脸特征检测和人脸识别功能。人脸检测属于对象检测，用于找出图像中人脸的位置和尺寸。人脸特征检测属于特征检测，用于找出图像中人脸的主要特征。人脸识别属于对象识别，包括从已知人脸集合中找出与未知人脸最匹配的人脸，以及验证给定人脸是否为某个已知人脸。OpenCV 实现了基于 Haar 级联分类器和基于深度学习的人脸检测算法，以及 EigenFaces、FisherFaces 和局部二进制编码直方图（Local Binary Patterns Histograms，LBPH）等人脸识别算法。

- 表面匹配。

surface_matching 模块提供了 3D 对象识别算法和 3D 特征的姿态估计算法，用于根据图像的深度和强度信息识别 3D 对象。

- 文本检测和识别。

text 模块提供了文本检测和识别功能，用于识别和检测图像中的文本，实现车牌识别、道路标志识别、内容数字化等相关应用。

1.1.2 OpenCV 的版本

1.1.2 OpenCV 的版本

OpenCV 于 1999 年创建，在 2000 年发布了第一个版本。2006 年 10 月，OpenCV 1.0 版本正式发布。OpenCV 1.0 的主要更新包括：在 Windows 安装软件包中添加了预编译的 Python 模块；增加了 Borland C++（v5.6+）生成文件；增加了图像修复功能；添加了增强的树分类器；在 highgui 模块中增加了对 JPEG2000 和 EXR 的支持；增加了 PNG、JPEG2000 和 OpenEXR 的 8 位图像输入/输出；更新了 CMUcamera 包装器。

2009 年 9 月，OpenCV 2.0 版本发布。OpenCV 2.0 的主要更新包括：修复了 Windows 安装包；将 MinGW 用于预编译的二进制文件；增加了新的 Python 接口。

2015 年 6 月，OpenCV 3.0 版本发布。OpenCV 3.x 版本不再向后兼容 OpenCV 2.x 版本。OpenCV 3.0 的主要更新包括：修复了包括文档、生成脚本、Python 包装器、core、imgproc、photo、features2d、objdetect、contrib 等模块的 200 多处错误；为 cv::parallel_for_()函数添加了并行后端处理功能，使所有并行处理都能得到兼容操作系统的支持；用 Java 重写了 Android 上的 OpenCV 管理器，使其可同时支持 OpenCV 2.4 和 3.0 版本。

2018 年，OpenCV 4.0 版本发布。OpenCV 4.0 的主要更新包括：其已成为 C++ 11 库，兼容 C++ 11 的编译器；删除了 1.x 版本中的许多 C 函数；核心模块中与 XML、YAML、JSON 相关的数据结构已在 C++中全部实现；在 DNN 中增加了对 Mask-RCNN 模型的支持、集成了 ONNX 解析器、部分支持 YOLO 对象检测、提升了对 Intel 的 DLDT 的支持性能；增加了全新的 opencv_gapi（G-API）模块。

2020 年 10 月，OpenCV 4.5.0 版本发布，该版本的主要更新内容如下。

- OpenCV 许可证已更改为 Apache 2：从 OpenCV 4.5.0 开始，所有未来的 OpenCV 4.x 和 OpenCV 5.x 版本都将根据 Apache 2 许可进行分发，OpenCV 3.x 将继续使用 BSD 许可。
- GSoC 2020 已经结束，大多数成果已合并到 OpenCV，并且在 OpenCV 4.5.0 中可用。
- 用 OpenJPEG 替换分布式 Windows 软件包中的 Jasper。
- 添加了对 OpenCL 多个上下文的支持。
- 更新了 DNN 和 G-API 模块的部分内容。

1.1.3 OpenCV-Python

1.1.3 OpenCV-Python

Python 是吉多 · 范罗苏姆（Guido van Rossum）创建的一种面向对象的、解释型的计算机高级程序设计语言。Python 因具有语法简洁、易于学习、功能强大、可扩展性强、跨平台等诸多特点，成为继 Java 和 C 语言之后的又一热门程序设计语言。

OpenCV-Python 是由原始 OpenCV C++实现的 Python 包装器，是 OpenCV 库的 Python 接口。

与 C/C++相比，Python 速度较慢。用户通过 OpenCV-Python 可获得两大好处：首先，代码运行速度与原始 C/C ++代码一样快（因为它在后台运行的是实际 C++代码）；其次，用 Python 编写代码更容易。

OpenCV-Python 需要使用 NumPy 库，OpenCV 在程序中使用 NumPy 数组存储图像数据。

1.2 配置开发环境

Windows 中典型的 OpenCV+Python 集成开发环境有 Eclipse+PyDev、Visual Studio Code+Python 开发组件以及 Atom+Python 扩展等。

本书使用到的开发工具主要包括 Python IDLE、Visual Studio Code、OpenCV-Python、NumPy 和 Matplotlib 等。

1.2.1 安装 Python

1.2.1 安装 Python

在 Windows 10 中安装 Python 的操作步骤如下。

（1）在 Python 官方网站的首页中，打开导航菜单栏中的“Downloads”菜单，将显示 Python 下载菜单，如图 1-1 所示。

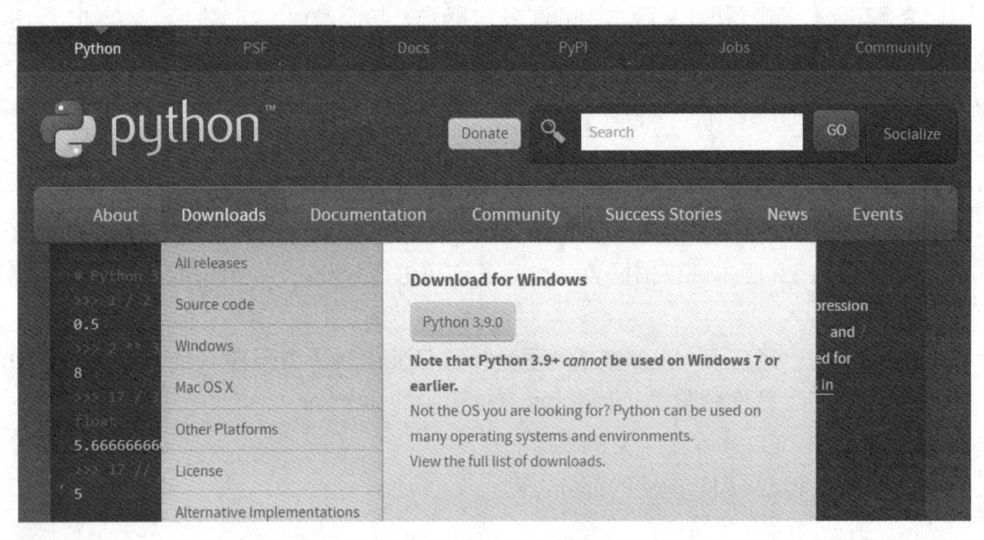

图 1-1 Python 下载菜单

（2）下载菜单会显示用于 Windows 的 Python 的最新版本号，如 Python 3.9.0。单击“Python 3.9.0”按钮，下载安装程序。

（3）下载完成后，运行安装程序。安装程序启动后，首先显示安装方式选择界面，如图 1-2 所示。

（4）勾选界面最下方的“Add Python 3.9 to PATH”复选框，将 Python 3.9 添加到系统的环境变量 PATH 中。这样可保证在系统命令提示符窗口中，可在任意目录下执行 Python 相关命令（如 Python 解释器 Python.exe、安装工具 pip.exe 等）。

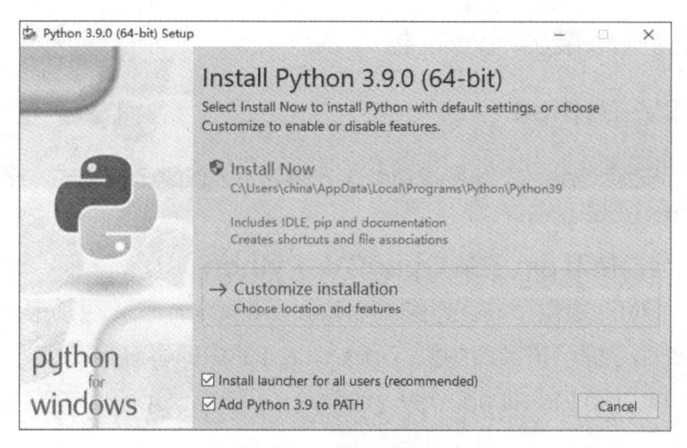

图 1–2 选择安装方式

（5）选择安装方式。“Install Now”方式按默认设置安装 Python；“Customize installation”为自定义安装方式，用户可设置 Python 安装路径和其他选项。限于篇幅，后续安装操作省略。

安装完成后，在系统命令提示符窗口中执行 python 命令。如果安装正确，可进入 Python 交互环境，如图 1-3 所示。

```
命令提示符 - python
Microsoft Windows [版本 10.0.18363.1139]
(c) 2019 Microsoft Corporation。保留所有权利。

C:\Users\xbg>python
Python 3.9.0 (tags/v3.9.0:9cf6752, Oct  5 2020, 15:34:40) [MSC v.1927 64
 bit (AMD64)] on win32
Type "help", "copyright", "credits" or "license" for more information.
>>>
```

图 1–3 在系统命令提示符窗口中进入 Python 交互环境

1.2.2 安装 NumPy

1.2.2 安装 NumPy

在系统命令提示符窗口中执行 pip install numpy 命令，安装 NumPy 包，示例代码如下。

```
C:\Users\china>pip install numpy
Collecting numpy
  Downloading https://files.pythonhosted.org/packages/8a/52/daf6f4b7fd1499c153cb25ff84f87421598d95
  e5bb5b760585d2c0263773/numpy-1.19.4-cp39-cp39-win_amd64.whl (13.0MB)
    |████████████████████████████████| 13.0MB 12kB/s
Installing collected packages: NumPy
Successfully installed numpy-1.19.4
```

安装完成后，在 Python 交互环境中导入 NumPy，示例代码如下。

```
C:\Users\china>python
>>> import NumPy
>>>
```

导入成功，说明已正确安装了 NumPy 包。

1.2.3　安装 OpenCV-Python

1.2.3　安装 OpenCV-Python

安装 OpenCV-Python 有 3 种方式：pip 安装方式、安装官方预编译包方式和源代码安装方式。

1. 使用 pip 安装 OpenCV-Python

PyPI 提供了非官方的 OpenCV-Python 包，目前最新的版本为 4.4.0，在系统命令提示符窗口中执行 pip install 命令即可进行安装。

- pip install opencv-python：只安装 OpenCV 的主模块。

示例代码如下。

```
C:\Users\china>pip install opencv-python
Collecting opencv-python
  Downloading opencv_python-4.4.0.46-cp39-cp39- win_amd64 (24.2 MB)
     |                                | 81 kB 9.1 kB/s eta 0:44:00
…
Requirement already satisfied: NumPy>=1.17.3 in d:\python38\lib\site-packages (from opencv-python==
4.4.0.46) (1.19.4)
Installing collected packages: opencv-python
Successfully installed opencv-python-4.4.0.46
```

在安装过程中，pip 会检查是否安装了 NumPy 包，如果未安装，pip 会自动安装该包。

- pip install opencv-contrib-python：同时安装 OpenCV 的主模块和贡献模块。

示例代码如下。

```
C:\Users\china>pip install opencv-contrib-python
Collecting opencv-contrib-python
  Downloading opencv_contrib_python-4.4.0.46-cp39-cp39-win_amd64.whl (40.0 MB)
     |██                              | 2.3 MB 6.7 kB/s eta 1:34:25
…
Requirement already satisfied: numpy>=1.17.3 in d:\python38\lib\site-packages (from opencv-contrib-
python==4.4.0.46) (1.19.4)
Installing collected packages: opencv-contrib-python
Successfully installed opencv-contrib-python-4.4.0.46
```

安装完成后，在 Python 交互环境中导入 cv2 包，示例代码如下。

```
C:\Users\china>python
…
>>> import cv2
>>> cv2.__version__
'4.4.0'
```

导入成功，输出了 OpenCV 的版本号，说明已正确安装了 OpenCV-Python 包。

2. 安装官方预编译的 OpenCV-Python 包

安装官方预编译的 OpenCV-Python 包的操作步骤如下。

（1）确保安装了 Python（如 Python 3.9.0）。

（2）确保安装了 NumPy 包。

（3）访问 OpenCV 发布页面，如图 1-4 所示。

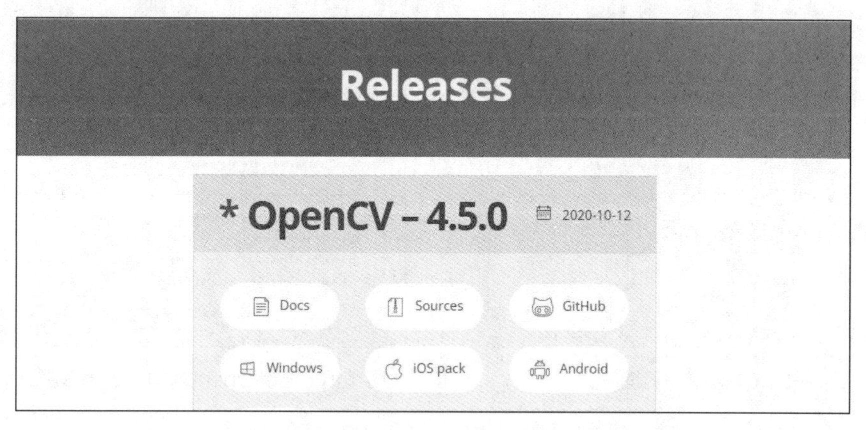

图 1-4　OpenCV 发布页面

（4）单击页面中的“Windows”链接，下载 OpenCV 4.5.0 的发布文件，文件名为 opencv-4.5.0-vc14_vc15.exe。

（5）解压下载的 opencv-4.5.0-vc14_vc15.exe 文件。

（6）将解压后的“build\python\cv2\python-3.8”文件夹中的 cv2.cp38-win_amd64.pyd 文件复制到 Python 安装路径下的“\Lib\site-packages\cv2”文件夹中（提示：目前 OpenCV 随源代码一起发布的预编译 OpenCV-Python 包最新版本为 Python 3.8.x，在 Python 3.9.x 版本中仍可使用）。

（7）在 Python 交互环境中执行 import cv2 命令。导入成功，说明已正确安装了 OpenCV-Python 包。

3. 用源代码安装 OpenCV-Python 包

当预编译的 OpenCV-Python 包不适用于所使用的系统，或者使用预编译包发生错误时，可选择使用 OpenCV 官方提供的源代码来安装 OpenCV-Python 包。

在 Windows 中用源代码安装 OpenCV-Python 包的操作步骤如下。

（1）确保安装了 Python 和 NumPy。

（2）安装 Visual Studio，如 Visual Studio 2019 社区版。

（3）安装 CMake。

（4）访问 OpenCV 发布页面，单击页面中的“Sources”链接，下载 OpenCV 的源代码。

（5）解压 OpenCV 的源代码压缩包。

（6）在 Windows 的“开始”菜单中选择“CMake\CMake（cmake-gui）”命令，启动 CMake，如图 1-5 所示。

（7）在 CMake 主界面中单击“Browse Source”按钮，选择 OpenCV 的源代码所在的文件夹。单击“Browse Build”按钮，选择保存 CMake 生成的 OpenCV-Python 包源代码的文件夹。单击“Configure”按钮，打开配置对话框，如图 1-6 所示。选择用于生成 OpenCV-Python 包的编译工具（如 Visual Studio 16 2019）和操作系统类型（如 x64）。

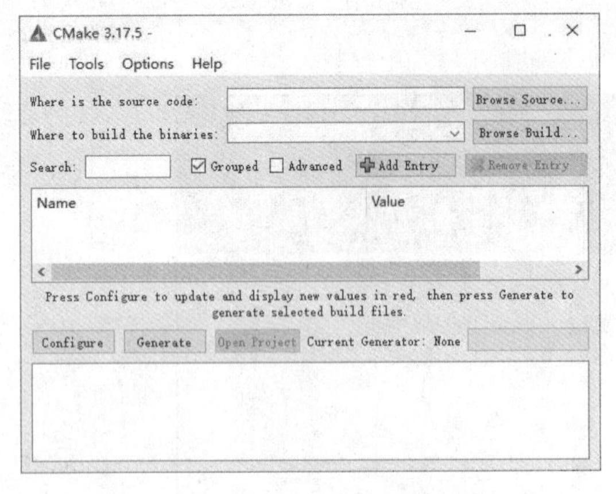

图 1-5　CMake 主界面

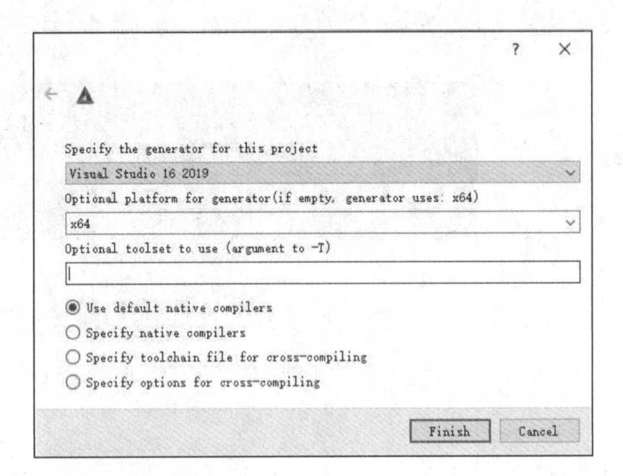

图 1-6　配置 OpenCV-Python 包源代码的参数

（8）完成参数配置后，单击“Finish”按钮，由 CMake 执行相应的配置操作。执行完配置操作后，CMake 会显示所有的配置选项，图 1-7 所示为勾选“Grouped”复选框后分组显示的配置选项。

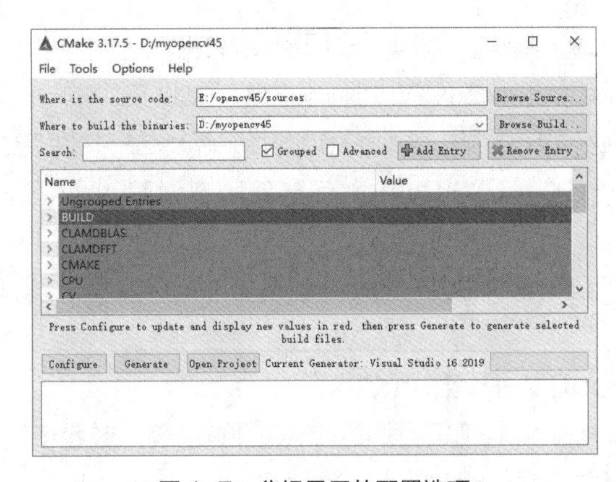

图 1-7　分组显示的配置选项

（9）查看“BUILD”分组。“BUILD”分组中的选项主要包含要生成的 OpenCV 功能模块，如图 1-8 所示。

（10）查看“WITH”分组。“WITH”分组中的选项主要包含要生成的 OpenCV 额外支持的功能，如图 1-9 所示。

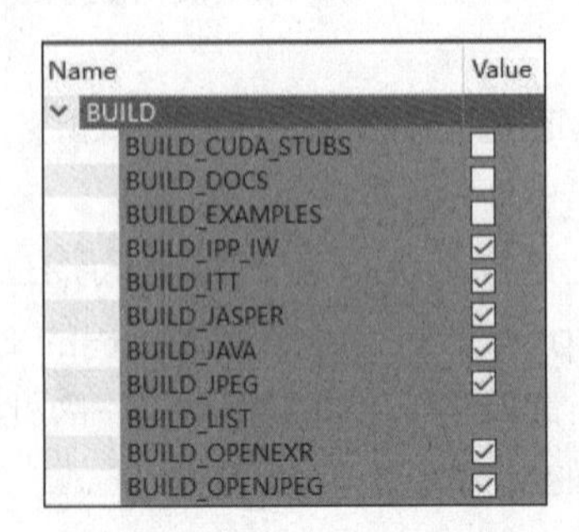

图 1-8　“BUILD”分组

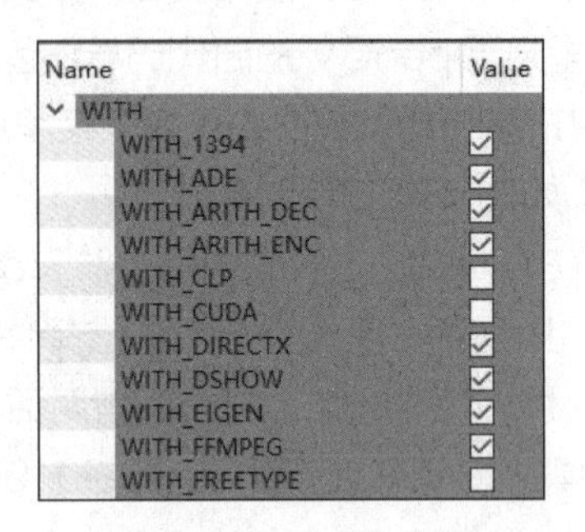

图 1-9　“WITH”分组

（11）查看“ENABLE”分组，如图 1-10 所示。勾选其中的“ENABLE_SOLUTION_FOLDERS”复选框时可启用解决方案文件夹，Visual Studio 社区版不支持解决方案文件夹，可取消勾选该复选框。

（12）查看“PYTHON3”分组，如图 1-11 所示。本书使用 Python 3.8.3 版本，所以应确保“PYTHON3_EXECUTABLE”（Python 解释器路径）、“PYTHON3_NUMPY_INCLUDE_DIRS”（NumPy 包的包含路径）和“PYTHON3_PACKAGES_PATH”（Python 第三方库的路径）等选项配置正确，其他选项可以忽略。

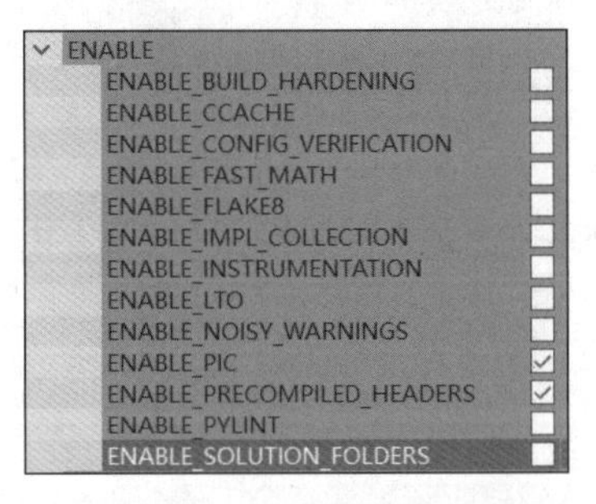

图 1-10 “ENABLE”分组

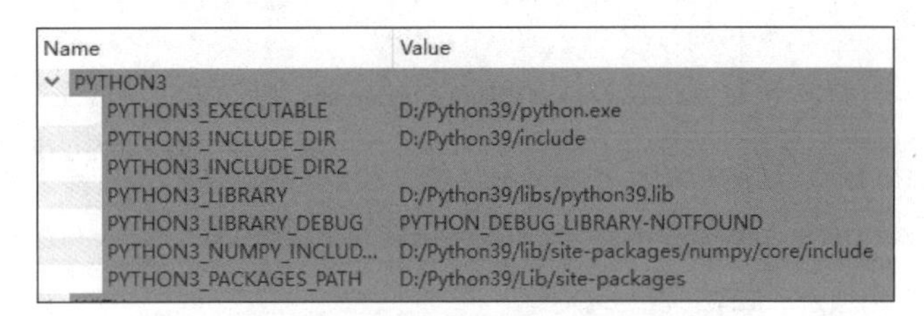

图 1-11 “PYTHON3”分组

（13）单击“Generate”按钮，生成 OpenCV-Python 包的源代码。

（14）在步骤（7）中指定的生成文件夹“D:/opencv/build”下保存了生成的源代码。其中的 OpenCV.sln 是 Visual Studio 的解决方案文件，双击文件打开解决方案，也可在 CMake 中单击“Open Project”按钮打开解决方案。

（15）在 Visual Studio 中，首先在工具栏的“解决方案配置”下拉列表中将“Debug”改为“Release”（即生成 OpenCV-Python 包的发布版本）。然后在解决方案资源管理器中右键单击解决方案，在快捷菜单中选择“生成解决方案”命令；或者右键单击“ALL_BUILD”项目，在快捷菜单中选择“生成”命令。

（16）生成解决方案后，在解决方案资源管理器中右键单击“INSTALL”项目，在快捷菜单中选择“生成”命令。生成操作执行完成后，OpenCV-Python 包就安装完成了。OpenCV-Python 包安装到了 Python 安装文件夹中的“Lib\site-packages\cv2”文件夹中。

（17）在 Python 交互环境中执行 import cv2 命令，导入 OpenCV-Python。如果导入成功，说明已正确安装 OpenCV-Python 包。

1.2.4 安装 Visual Studio Code

Visual Studio Code（简称“VS Code”）是微软公司提供的一个免费的集成开发工具，它具有支持智能感知、运行和调试、内置 Git、可扩展等诸多特点。VS Code 可作为 Java、JavaScript、C#、Python、Ruby 等众多语言的开发工具。

1.2.4 安装 Visual Studio Code

在 Windows 中安装 VS Code 的操作步骤如下。

（1）访问微软的 Visual Studio 主页，如图 1-12 所示。

（2）在“下载 Visual Studio Code”列表中单击“Windows x64 用户安装程序”链接，下载

VS Code 安装程序。

图 1-12　Visual Studio 主页

（3）运行安装程序，按提示完成安装过程。

（4）启动 VS Code。

（5）在 VS Code 中选择“File\Open File”命令，打开一个 Python 程序；或者选择“File\New File”命令创建一个新文件，然后将其保存为 Python 程序。此时，VS Code 将提示安装 Python 扩展组件“Linter pylint”，如图 1-13 所示。

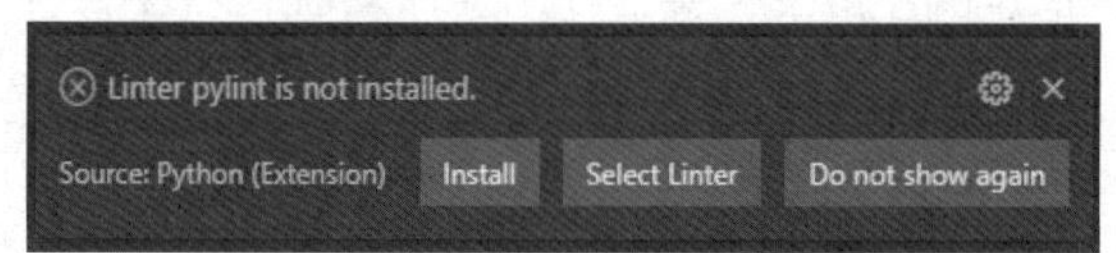

图 1-13　安装 Python 扩展组件

（6）单击“Install”按钮，安装相关的 Python 扩展组件。

1.3 使用 OpenCV 文档和示例

1.3.1　查看 OpenCV 文档

OpenCV 在其官方文档网站中提供了各种格式的帮助文档，如图 1-14 所示。

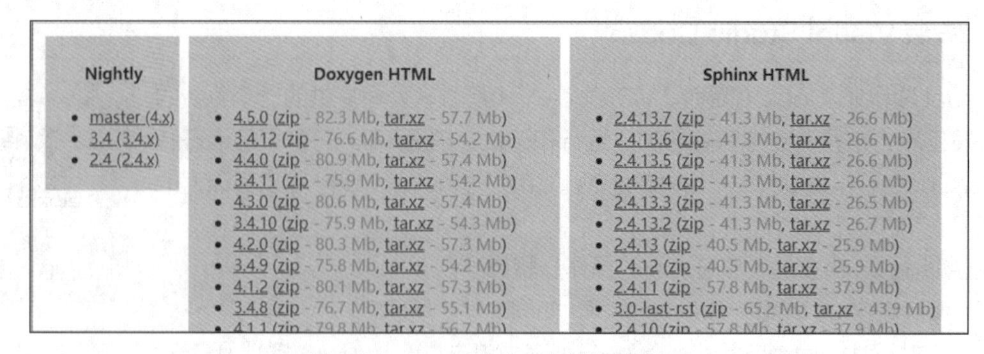

图 1-14　OpenCV 的官方文档网站首页

“Doxygen HTML”“Sphinx HTML”列表中包含了相应格式的在线文档和离线文档的下载链接。单击“zip”或“tar.xz”链接即可下载离线文档。

“Nightly”列表中包含了各个版本的在线文档。单击“master (4.x)”链接可打开在线文档页面，如图 1-15 所示。在页面上方的版本下拉列表中可更改版本号，以便查看对应的文档。

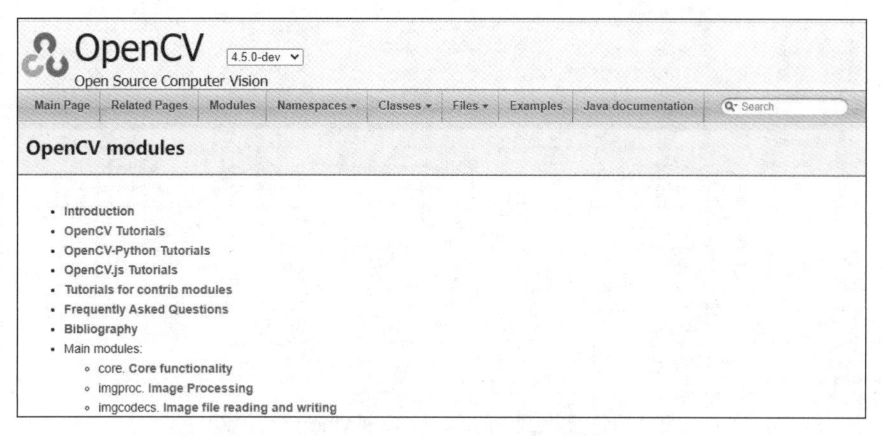

图 1-15　OpenCV 4.5.0 的官方在线文档

单击其中的“OpenCV-Python Tutorials”链接可查看 OpenCV-Python 教程。

1.3.2　查看 OpenCV-Python 示例

OpenCV 官方在线文档的“Examples”页面中列出了示例的 C++代码目录，如图 1-16 所示。

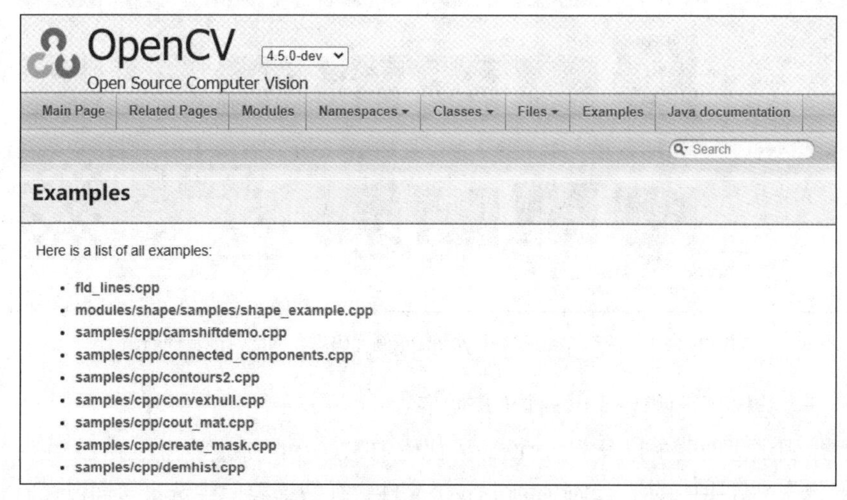

图 1-16　OpenCV 官方在线文档中的 C++示例代码目录

要获得 OpenCV-Python 示例代码，可访问 OpenCV 发布页面，下载 OpenCV 的源代码（如图 1-4 所示）。

源代码的“samples\python”文件夹中包含了 OpenCV-Python 的示例代码，如图 1-17 所示。

“samples\python\tutorial_code”文件夹中包含了官方 OpenCV-Python 教程的部分源代码。

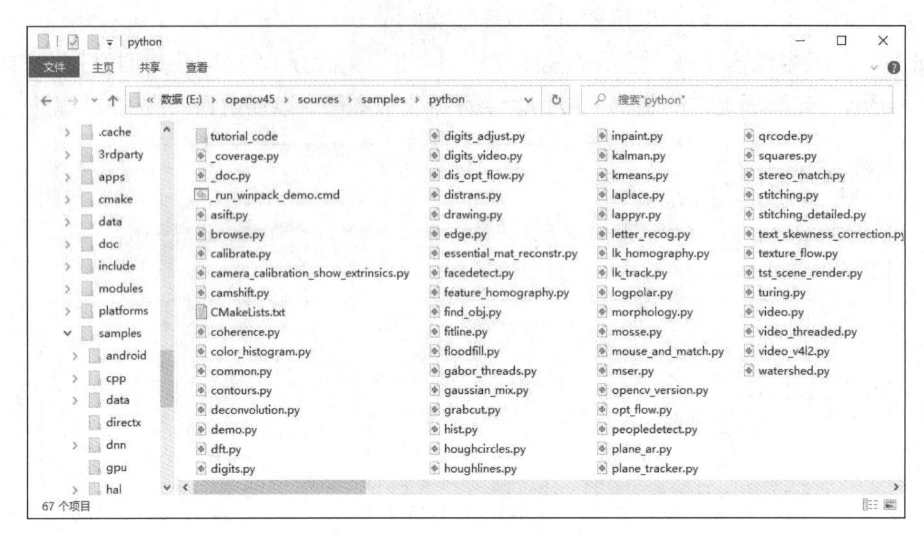

图 1-17　源代码中的 OpenCV-Python 示例代码

源代码的“samples\data”文件夹中包含了运行 OpenCV-Python 示例代码需要的图片或其他资源，如图 1-18 所示。

图 1-18　运行 OpenCV-Python 示例代码需要的图片或其他资源

例如，运行人脸检测示例代码，操作步骤如下。

（1）在系统资源管理器中打开 OpenCV 源代码中的“samples\python”文件夹。

（2）右键单击文件夹中的“facedetect.py”文件，在快捷菜单中选择“通过 Code 打开”命令，在 VS Code 中打开人脸检测示例代码。

（3）在 VS Code 中执行“Run\Run Without Debugging”命令运行程序。如果摄像头可用，程序会从摄像头视频中检测人脸，否则使用示例图片检测人脸，如图 1-19 所示。

图 1-19　示例图片人脸检测结果

1.4 实验

1.4.1 实验 1：配置虚拟开发环境

1.4.1　实验 1：配置虚拟开发环境

1. 实验目的

掌握 Python+OpenCV 应用开发虚拟环境的配置方法。

2. 实验内容

（1）创建 Python 虚拟环境。

（2）在虚拟环境中安装 NumPy 和 OpenCV-Python 包。

（3）移动虚拟环境文件夹的位置，测试虚拟环境能否正常使用。

3. 实验过程

具体操作步骤如下。

（1）在 Windows 的命令提示符窗口中执行命令，创建名称为 myopencv 的虚拟环境，示例代码如下。

```
C:\Users\china>d:
D:\>python -m venv myopencv
```

该命令在 D 盘根目录中创建了名为 myopencv 的虚拟环境文件夹，如图 1-20 所示。

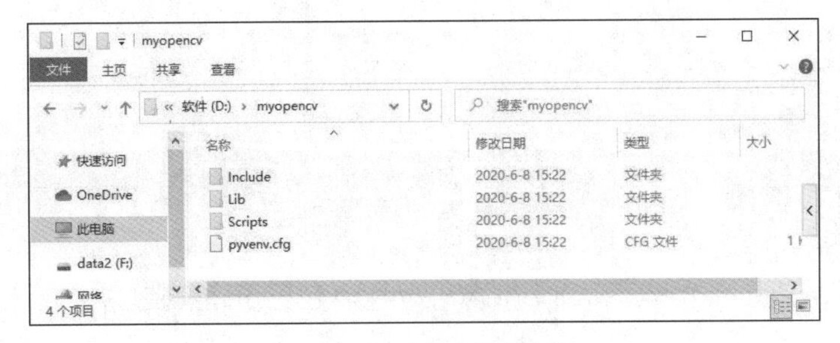

图 1-20　虚拟环境文件夹

虚拟环境文件夹中的 Include 子文件夹保存包含文件；Lib 子文件夹等同于 Python 的 Lib 文件夹，保存 Python 的各种包；Scripts 子文件夹保存 python.exe（Python 解释器）、pip.exe（Python 包安装工具）、activate.bat（虚拟环境激活命令）、deactivate.bat（虚拟环境关闭命令）等文件。

（2）激活虚拟环境，示例代码如下。

```
D:\>myopencv\scripts\activate
(myopencv) D:\>
```

注意，activate.bat 命令在“myopencv\scripts”文件夹中，需要指明路径，或者进入文件夹后再执行该命令。虚拟环境激活后，命令提示符变成了“(myopencv) D:\”。

（3）在虚拟环境中安装 NumPy 包，示例代码如下。

```
(myopencv) D:\>pip install NumPy
Collecting NumPy
  Downloading https://files.pythonhosted.org/packages/8a/52/daf6f4b7fd1499c153cb25ff84f87421598d95
  e5bb5b760585d2c0263773/NumPy-1.18.5-cp38-cp38-win32.whl (10.8MB)
     |████████████████████████████████| 10.8MB 2.2MB/s
Installing collected packages: NumPy
Successfully installed NumPy-1.18.5
```

（4）在虚拟环境中安装 OpenCV-Python 包，示例代码如下。

```
(myopencv) D:\>pip install opencv-python
Collecting opencv-python
  Downloading https://files.pythonhosted.org/packages/e6/d6/516883f8d2f255c41d8c560ef70c91085f2cea
  c7b70b7afe41432bd8adbb/opencv_python-4.2.0.34-cp38-cp38-win32.whl (24.2MB)
     |████████████ ████████████████████████| 24.2MB 467kB/s
Requirement already satisfied: NumPy>=1.17.3 in d:\myopencv\lib\site-packages (from opencv-python)
(1.18.5)
Installing collected packages: opencv-python
Successfully installed opencv-python-4.2.0.34
```

提示 **如果系统中已经安装了 OpenCV-Python 包，可将 Python 安装目录下“Lib\site-packages”文件夹中的“cv2”文件夹复制到虚拟环境中的“Lib\site-packages”文件夹中，从而在虚拟环境中使用 OpenCV-Python 包。**

（5）进入 Python 交互环境，导入 NumPy 和 OpenCV-Python 包，测试安装是否正确，示例代码如下。

```
(myopencv) D:\>python
…
>>> import NumPy
>>> import cv2
>>>
```

命令正确执行，说明 NumPy 和 OpenCV-Python 包已正确安装。

（6）按【Ctrl+Z】组合键，再按【Enter】键退出 Python 交互环境。

（7）执行 deactivate 命令关闭虚拟环境，示例代码如下。

```
(myopencv) D:\>deactivate
```

（8）在系统资源管理器中，将虚拟环境文件夹 myopencv 移动到其他位置，如“E:\”。

（9）移动位置后，进入 Windows 命令提示符窗口，测试虚拟环境是否能正常使用，示例代码如下。

```
C:\Users\china>e:
E:\>cd myopencv
E:\myopencv>scripts\activate
(myopencv) E:\myopencv>python
…
>>> import NumPy
>>> import cv2
```

命令正确执行，说明虚拟环境移动位置后可以正常使用。

1.4.2 实验 2：在 VS Code 中运行示例

1.4.2 实验 2：在 VS Code 中运行示例

1. 实验目的

掌握使用 VS Code 运行 OpenCV 示例的方法。

2. 实验内容

在 VS Code 中运行 OpenCV 示例中的边缘检测示例 edge.py。

3. 实验过程

具体操作步骤如下。

（1）在系统资源管理器中找到 OpenCV 源代码中的“samples\python”文件夹，右键单击该文件夹，在快捷菜单中选择“通过 Code 打开”命令，在 VS Code 中打开示例，如图 1-21 所示。

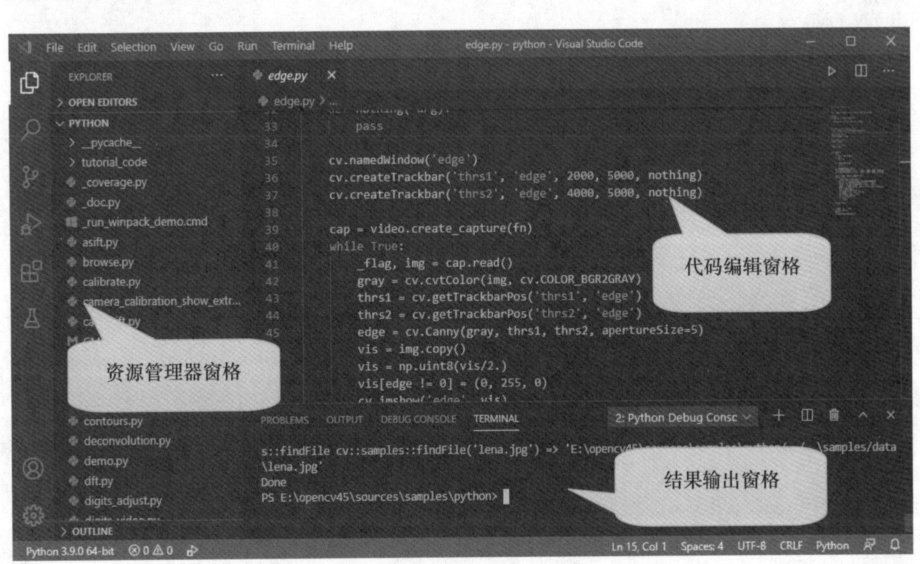

图 1-21　在 VS Code 中打开 Python 示例文件

（2）在左侧的资源管理器窗格中单击 edge.py 文件，在代码编辑窗格中打开它。

（3）按【Ctrl+F5】组合键运行程序。程序运行时，如果摄像头可用，程序会从摄像头视频中检测边缘，否则使用示例图片检测边缘，如图 1-22 所示。

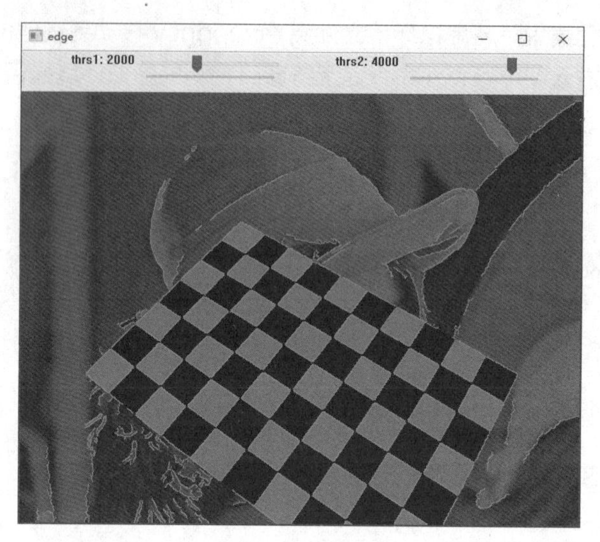

图 1-22　边缘检测示例

习　　题

1. OpenCV 有哪些主要功能?

2. OpenCV 有哪些主要模块?

3. 创建名称为 test1 的虚拟环境，在其中安装 NumPy 和 OpenCV-Python 包。

4. 下载 OpenCV 4.5.0 的源代码，在系统命令提示符窗口中运行其中的 Python 光流示例 opt_flow.py。

5. 在 VS Code 中运行 Python 光流示例 opt_flow.py。

第 2 章
图像处理基础

在 Python 程序中，OpenCV 使用 NumPy 数组来存储图像。本章将简单介绍 NumPy 数组的相关知识，同时介绍图像的读、写、显示、像素操作，以及图像运算等内容。

2.1 NumPy 简介

NumPy 是使用 Python 进行数组计算的软件包，它的主要特点包括：提供强大的 *N* 维数组对象，支持复杂的广播功能（数组运算），集成了 C/C++和 Fortran 代码的工具，支持线性代数、傅里叶变换和随机数等特性。NumPy 还可以用作通用数据的高效多维容器，如在 OpenCV 中显示图像。

2.1.1 数据类型

2.1.1 数据类型

NumPy 比 Python 支持更多的数据类型，如表 2-1 所示。

表 2-1 NumPy 支持的数据类型

数据类型	说明
np.bool_	布尔值（True 或 False），存储为字节
np.byte	由平台定义
np.ubyte	由平台定义
np.short	由平台定义
np.ushort	由平台定义
np.intc	由平台定义
np.uintc	由平台定义
np.int_	由平台定义
np.uint	由平台定义
np.longlong	由平台定义
np.ulonglong	由平台定义
np.half np.float16	半精度浮点数：1 位符号、5 位指数、10 位尾数

续表

数据类型	说明
np.single	平台定义的单精度浮点数：通常为 1 位符号、8 位指数、23 位尾数
np.double	平台定义的双精度浮点数：通常为 1 位符号、11 位指数、52 位尾数
np.longdouble	平台定义的扩展精度浮点数
np.csingle	复数，由两个单精度浮点数（实部和虚部）表示
np.cdouble	复数，由两个双精度浮点数（实部和虚部）表示
np.clongdouble	复数，由两个扩展精度浮点数（实部和虚部）表示

NumPy 还提供了一组表示固定大小的数据类型别名，如表 2-2 所示。

表 2-2　表示固定大小的数据类型别名

数据类型别名	说明
np.int8	带符号的 8 位整数（-128~127）
np.int16	带符号的 16 位整数（-32768~32767）
np.int32	带符号的 32 位整数（-2^{31}~$2^{31}-1$）
np.int64	带符号的 64 位整数（-2^{63}~$2^{63}-1$）
np.uint8	无符号的 8 位整数（0~255）
np.uint16	无符号的 16 位整数（0~65535）
np.uint32	无符号的 32 位整数（0~$2^{32}-1$）
np.uint64	无符号的 64 位整数（0~$2^{64}-1$）
np.intp	用于索引的整数
np.uintp	足够大以容纳指针的整数
np.float32	32 位单精度浮点数
np.float64、np.float_	与 Python 的 float 类型的精度匹配
np.complex64	复数，由两个 32 位浮点数（实部和虚部）表示
np.complex128、np.complex_	与 Python 的 complex 类型的精度匹配

在 Python 中使用 NumPy 数据类型的示例代码如下。

```
>>> import numpy as np    #导入 NumPy 包，np 是按惯例使用的名称，也可为其他名称
>>> a=np.int8(123)        #定义一个整数
>>> type(a)               #查看其数据类型
<class 'numpy.int8'>
```

2.1.2　创建数组

2.1.2　创建数组

NumPy 使用各种函数创建数组。

1. 使用 array()函数创建数组

NumPy 的 array()函数可将 Python 中类似数组的数据结构（如列表和元组）转换为数组，示例代码如下。

```
>>> a=np.array([1,2,3])              #将列表转换为数组
>>> print(a)                         #输出数组
[1 2 3]
>>> type(a)                          #查看数组的数据类型
<class 'numpy.ndarray'>
>>> a=np.array((1,2,3))              #将元组转换为数组
>>> a=np.array(([1,2,3],[4,5,6]))    #将嵌套数据转换为数组
>>> print(a)                         #输出数组
[[1 2 3]
 [4 5 6]]
>>> a=np.array(([1,2,3],[4,5]))      #将不规则的数据转换为数组
>>> print(a)
[list([1, 2, 3]) list([4, 5])]
```

注意，在将嵌套的多维数据转换为数组时，同维度数据的个数应该相同；否则，NumPy 会将其作为一个 Python 对象放入数组。

2. 使用 zeros()函数创建数组

创建指定形状的数组，数组元素默认值为 0，数据类型默认为 float，函数参数用于指定数组的形状，示例代码如下。

```
>>> np.zeros((2,3))                  #创建 2 行 3 列的二维数组
array([[0., 0., 0.],
       [0., 0., 0.]])
>>> np.zeros((2,5),dtype=int)        #用 dtype 参数指定数组元素的数据类型
array([[0, 0, 0, 0, 0],
       [0, 0, 0, 0, 0]])
>>> np.zeros((2,3,4))                #创建三维数组
array([[[0., 0., 0., 0.],
        [0., 0., 0., 0.],
        [0., 0., 0., 0.]],
       [[0., 0., 0., 0.],
        [0., 0., 0., 0.],
        [0., 0., 0., 0.]]])
```

3. 使用 arange()函数创建数组

创建元素值按规则递增的数组，类似于 Python 的 range()函数，示例代码如下。

```
>>> np.arange(5)                          #元素取值范围为[0,4]
array([0, 1, 2, 3, 4])
>>> np.arange(-2,5)                       #元素取值范围为[-2,4]
array([-2, -1,  0,  1,  2,  3,  4])
>>> np.arange(5.6)                        #数组元素的数据类型默认与参数一致
array([0., 1., 2., 3., 4., 5.])
>>> np.arange(-2,2,dtype=float)           #用 dtype 参数指定数组元素的数据类型
array([-2., -1.,  0.,  1.])
```

4．使用 linspace(a,b,c)函数创建数组

创建由参数 c 指定元素数量的数组，其第一个元素为 a，最后一个元素为 b，相邻元素的差值为(b-a)/(c-1)，示例代码如下。

```
>>> np.linspace(1,5,6)
array([1. , 1.8, 2.6, 3.4, 4.2, 5. ])
```

5．使用 indices()函数创建数组

创建一个有两个元素的一维数组，每个元素都是一个指定形状的数组，其元素值表示该维的变化，示例代码如下。

```
>>> np.indices((3,4))          #数组元素是一个大小为 3×4 的数组
array([[[0, 0, 0, 0],
        [1, 1, 1, 1],
        [2, 2, 2, 2]],

       [[0, 1, 2, 3],
        [0, 1, 2, 3],
        [0, 1, 2, 3]]])
```

6．使用 ones()函数创建数组

ones()函数用于创建元素值为 1 的数组（单位矩阵），示例代码如下。

```
>>> np.ones((5,), dtype=int)   #创建一维数组，元素值为整数 1
array([1, 1, 1, 1, 1])
>>> np.ones((5,))              #创建一维数组，元素值为浮点数 1.0
array([1., 1., 1., 1., 1.])
>>> np.ones((2,5))             #创建大小为 2×5 的二维数组
array([[1., 1., 1., 1., 1.],
      [1., 1., 1., 1., 1.]])
>>> np.ones((2,5),dtype=int)
array([[1, 1, 1, 1, 1],
      [1, 1, 1, 1, 1]])
```

2.1.3 数组的形状

2.1.3 数组的形状

数组对象的 shape 属性可用于查看或改变数组的形状，示例代码如下。

```
>>> a=np.arange(12)        #创建一维数组，其中共有 12 个元素
>>> a
array([ 0,  1,  2,  3,  4,  5,  6,  7,  8,  9, 10, 11])
>>> a.shape                #查看数组形状
(12,)
>>> a.shape=(2,-1)         #更改数组形状为 2 行，-1 表示每行中的元素个数自动计算
>>> a
array([[ 0,  1,  2,  3,  4,  5],
       [ 6,  7,  8,  9, 10, 11]])
```

reshape()方法可更改数组形状，并返回更改后的新数组，示例代码如下。

```
>>> a.reshape((3,-1))      #更改数组形状，返回新数组
array([[ 0,  1,  2,  3],
```

```
       [ 4,  5,  6,  7],
       [ 8,  9, 10, 11]])
>>> a.reshape((2,3))          #reshape()方法不能减少或增加数组元素个数
Traceback (most recent call last):
  File "<stdin>", line 1, in <module>
ValueError: cannot reshape array of size 12 into shape (2,3)
```

resize()方法的 refcheck 参数为 False 时，可在改变形状的同时更改元素个数，示例代码如下。

```
>>> a.resize((3,4))                          #更改形状
>>> a
array([[ 0,  1,  2,  3],
       [ 4,  5,  6,  7],
       [ 8,  9, 10, 11]])
>>> a.resize((2,3),refcheck=False)       #更改形状并减少元素个数
>>> a
array([[0, 1, 2],
       [3, 4, 5]])
>>> a.resize((2,5),refcheck=False)       #增加元素个数
>>> a
array([[0, 1, 2, 3, 4],
       [5, 0, 0, 0, 0]])
```

np.ravel()函数可将数组转换为一维数组，示例代码如下。

```
>>> a=np.arange(12)
>>> a.resize((3,4))
>>> a
array([[ 0,  1,  2,  3],
       [ 4,  5,  6,  7],
       [ 8,  9, 10, 11]])
>>> np.ravel(a)                     #返回一维数组，默认行优先
array([ 0,  1,  2,  3,  4,  5,  6,  7,  8,  9, 10, 11])
>>> np.ravel(a,order='F')           #返回一维数组，列优先
array([ 0,  4,  8,  1,  5,  9,  2,  6, 10,  3,  7, 11])
```

2.1.4 索引、切片和迭代

一维数组的索引、切片和迭代等操作与 Python 的列表类似，示例代码如下。

2.1.4 索引、切片和迭代

```
>>> rng = np.random.default_rng()  #获得随机数生成器
>>> a=rng.integers(10,size=8)
>>> a
array([6, 1, 4, 6, 0, 0, 1, 0], dtype=int64)
>>> a[0]                            #索引：第1个元素
6
>>> a[-1]                           #索引：最后1个元素
0
>>> a[2]                            #索引：第3个元素
4
>>> a[2:5]                          #切片
array([4, 6, 0], dtype=int64)
>>> a[:2]
```

```
array([6, 1], dtype=int64)
>>> a[5:]
array([0, 1, 0], dtype=int64)
>>> for x in a:                                  #迭代
...   print(x,end=' ')
...
6 1 4 6 0 0 1 0
```

多维数组用以逗号分隔的多个值进行索引，示例代码如下。

```
>>> rng = np.random.default_rng()
>>> a=rng.integers(10,size=(2,5))                #创建一个大小为 2×5 的数组，元素为 10 以内的随机整数
>>> a
array([[6, 8, 9, 5, 7],
       [8, 3, 1, 2, 1]], dtype=int64)
>>> a[0,0]                                       #索引：第 1 行第 1 个元素
6
>>> a[1,0]                                       #索引：第 2 行第 1 个元素
8
>>> a[0,:3]                                      #切片：第 1 行前 3 个元素
array([6, 8, 9], dtype=int64)
>>> for x in a:                                  #迭代
...   print(x)
...
[6 8 9 5 7]
[8 3 1 2 1]
```

2.1.5　数组运算

2.1.5　数组运算

NumPy 数组与常量执行算术运算和比较运算时，会对每个数组元素执行计算，示例代码如下。

```
>>> a=np.arange(5)
>>> a
array([0, 1, 2, 3, 4])
>>> a+5                          #每个元素加上 5
array([5, 6, 7, 8, 9])
>>> a-5                          #每个元素减去 5
array([-5, -4, -3, -2, -1])
>>> a*5                          #每个元素乘以 5
array([ 0,  5, 10, 15, 20])
>>> a**2                         #每个元素求平方
array([ 0,  1,  4,  9, 16], dtype=int32)
>>> a/2                          #每个元素除以 2，结果为浮点数
array([0. , 0.5, 1. , 1.5, 2. ])
>>> a//2                         #每个元素除以 2，结果为整数
array([0, 0, 1, 1, 2], dtype=int32)
>>> a<2.5                        #每个元素执行比较运算
array([ True,  True,  True, False, False])
```

两个数组执行算术运算时，“*”运算符用来计算元素乘积，“@”运算符和 dot()方法用来计

算矩阵乘积，示例代码如下。

```
>>> a=np.array([[1,2],[3,4]])
>>> b=np.array([[10,0],[0,10]])
>>> a+b                    #矩阵加法
array([[11,  2],
       [ 3, 14]])
>>> b-a                    #矩阵减法
array([[ 9, -2],
       [-3,  6]])
>>> a*b                    #元素乘法
array([[10,  0],
       [ 0, 40]])
>>> a@b                    #矩阵乘法
array([[10, 20],
       [30, 40]])
>>> a.dot(b)               #矩阵乘法
array([[10, 20],
       [30, 40]])
>>> a=np.array([[1,2,3],[4,5,6]])
>>> a.T                    #矩阵转置
array([[1, 4],
       [2, 5],
       [3, 6]])
```

NumPy 数组支持“+=”“*=”等赋值运算，且会用计算结果覆盖原数组，示例代码如下。

```
>>> a+=10
>>> a
array([[11, 12, 13],
       [14, 15, 16]])
>>> a*=2
>>> a
array([[22, 24, 26],
       [28, 30, 32]])
```

NumPy 为数组提供了一些执行计算的方法，示例代码如下。

```
>>> a=np.array([[1,2,3],[4,5,6]])
>>> a.min()                #求最小元素值
1
>>> a.max()                #求最大元素值
6
>>> a.sum()                #求所有元素和
21
```

可设置 axis 参数以便按指定的轴执行计算，示例代码如下。

```
>>> a.max(axis=0)          #返回最大值所在的行
array([4, 5, 6])
>>> a.max(axis=1)          #返回每一行中的最大值
array([3, 6])
>>> a.sum(axis=0)          #按列执行加法
```

```
array([5, 7, 9])
>>> a.sum(axis=1)        #按行执行加法
array([ 6, 15])
```

2.2 图像基础操作

2.2.1 读、写、显示图像

2.2.1 读、写、显示图像

OpenCV 的 imread()、imwrite()和 imshow()函数分别用于读、写和显示图像。

1. 读取图像

OpenCV 的 imread()函数用于将文件中的图像读入内存，imread()函数支持各种静态图像文件格式，如 BMP、PNG、JPEG 和 TIFF 等，示例代码如下。

```
#test2-1.py：读取图像
import cv2
img=cv2.imread('lena.jpg')       #读取图像
print(type(img))                 #输出数据类型
print(img)                       #输出图像数组
print(img.shape)                 #输出数组形状
print(img.dtype)                 #输出数组元素的数据类型
print(img.size)                  #输出数组元素的个数
```

程序输出结果如下。

```
<class 'numpy.ndarray'>
[[[128 138 225]
  [127 137 224]
  [126 136 224]
  ...
  [126 145 236]
  [110 129 220]
  [ 86 104 197]]
  ...
  [ 81  68 176]
  [ 81  72 183]
  [ 84  74 188]]]
(512, 512, 3)
uint8
786432
```

从输出结果可以看出，imread()函数返回一个 numpy.ndarray 对象（即 NumPy 数组），数组元素为图像的像素。OpenCV 使用 NumPy 数组来保存图像，数组的 shape（数组形状）、dtype（数据类型）、size（数组元素个数）等属性表示图像的相关属性。

上述代码使用的图像为彩色 JPG 图像，img.shape 的输出结果为(512, 512, 3)，说明表示彩色图像的数组是一个三维数组，3 个值依次表示图像的高度、宽度和通道数；图像的分辨率为 512 ×512。

代码中 img.dtypes 的输出结果为 uint8，说明每个数组元素用一个字节（8 位）保存，每个数组元素为一个像素的 B、G 和 R 通道的颜色值，颜色值取值范围为[0,255]。

代码中 img.size 的输出结果为 786432，等于数组形状的 3 个维度大小的乘积，即 512×512×3。

imread()函数的完整格式如下。

```
img=cv2.imread(filename,flag)
```

其中，filename 为图像文件名，flag 为图像读取格式标志，如表 2-3 所示。imread()函数在正确读取图像文件时，返回表示图像的 NumPy 数组；否则返回 NULL。

表 2-3　图像读取格式标志

图像读取格式标志	说明
cv2.IMREAD_UNCHANGED	按原样加载图像
cv2.IMREAD_GRAYSCALE	将图像转换为单通道灰度图像
cv2.IMREAD_COLOR	将图像转换为 3 通道 BGR 彩色图像
cv2.IMREAD_ANYDEPTH	当图像具有相应的深度时，返回 16 位或 32 位图像，否则将其深度转换为 8 位
cv2.IMREAD_ANYCOLOR	以任何可能的颜色格式读取图像
cv2.IMREAD_LOAD_GDAL	使用 gdal 驱动程序加载图像
cv2.IMREAD_REDUCED_GRAYSCALE_2	将图像转换为单通道灰度图像，并且图像尺寸减小为 1/2
cv2.IMREAD_REDUCED_COLOR_2	将图像转换为 3 通道 BGR 彩色图像，并且图像尺寸减小为 1/2
cv2.IMREAD_REDUCED_GRAYSCALE_4	将图像转换为单通道灰度图像，并且图像尺寸减小为 1/4
cv2.IMREAD_REDUCED_COLOR_4	将图像转换为 3 通道 BGR 彩色图像，并且图像尺寸减小为 1/4
cv2.IMREAD_REDUCED_GRAYSCALE_8	将图像转换为单通道灰度图像，并且图像尺寸减小为 1/8
cv2.IMREAD_REDUCED_COLOR_8	将图像转换为 3 通道 BGR 彩色图像，并且图像尺寸减小为 1/8
cv2.IMREAD_IGNORE_ORIENTATION	不根据 EXIF 方向标志旋转图像

提示　OpenCV 默认的图像格式为 BGR，即 3 通道图像数组的 3 个维度依次为 B（蓝色）、G（绿色）和 R（红色）通道的像素。

示例代码如下。

```
import cv2
img=cv2.imread('lena.jpg',cv2.IMREAD_REDUCED_GRAYSCALE_4)  #读取图像
print(img.shape)
print(img.size)
```

程序输出结果如下。

```
(128, 128)
16384
```

上述代码中将图像转换为单通道灰度图像，并且图像尺寸减小为 1/4。原图像大小为 512×512，所以输出的图像数组为(128, 128)。

2. 写图像

OpenCV 的 imwrite()函数用于将 NumPy 数组中保存的图像写入文件，示例代码如下。

```
#test2-2.py：将图像存入文件
import cv2
import numpy
img=numpy.zeros((50,50),dtype=numpy.uint8)    #创建大小为 50×50 的黑色正方形图像
cv2.imwrite('mypic2-1.jpg',img)               #将图像存入文件
```

3. 显示图像

OpenCV 的 imshow()函数用于在窗口中显示图像，示例代码如下。

```
#test2-3.py：显示图像
import cv2
img=cv2.imread('lena.jpg',cv2.IMREAD_REDUCED_COLOR_2)      #读取图像并将图像尺寸减小 1/2
cv2.imshow('lena',img)                                     #显示图像
```

imshow()函数的第 1 个参数为窗口名称，第 2 个参数为图像数组。程序运行结果如图 2-1 所示。

图 2-1　在窗口中显示图像

在 IDLE 中运行上面的程序时，可正常显示图像窗口。如果在 Windows 的命令提示符窗口中运行程序，则示例代码如下。

```
D:\>python test2-3.py
```

程序创建的图像窗口会在显示后立即关闭。为了解决这一问题，可使用 waitKey()函数等待用户输入来控制窗口关闭，该函数的基本格式如下。

```
rv=cv2.waitKey([delay])
```

其中，rv 保存函数返回值，如果没有键被按下，返回-1；如果有键被按下，返回键的 ASCII 码。参数 delay 表示等待按键的时间（单位为毫秒），负数或 0 表示无限等待，默认值为 0；设置了 delay 参数时，等待时间结束时结束等待，函数返回-1。

示例代码如下。

```
#test2-4.py: 等待按键
import cv2
img=cv2.imread('lena.jpg',cv2.IMREAD_REDUCED_COLOR_2)
cv2.imshow('lena',img)                         #显示图像
key=0
while key!=27:                                 #按 Esc 键时终止循环
  key=cv2.waitKey()                            #等待按键
cv2.destroyWindow('lena')                      #关闭图像窗口
```

2.2.2 读、写、播放视频

2.2.2 读、写、播放视频

OpenCV 的 VideoCapture 类和 VideoWriter 类提供了视频处理功能，支持各种格式的视频文件。

视频处理的基本操作步骤如下。

（1）将视频文件或者摄像头作为数据源来创建 VideoCapture 对象。

（2）调用 VideoCapture 对象的 read()方法获取视频中的帧，每一帧都是一幅图像。

（3）调用 VideoWriter 对象的 write()方法将帧写入视频文件，或者调用 cv2.imshow()函数在窗口中显示帧（即播放视频）。

1. 播放视频

国产大飞机 C919

OpenCV 播放视频的实质是逐帧读取和显示帧图像。下面的示例代码演示了如何读取和播放关于国产大飞机 C919 的央视新闻视频。C919 充分体现了我国“以国家战略需求为导向，集聚力量进行原创性引领性科技攻关，坚决打赢关键核心技术攻坚战”的发展战略，对 C919 感兴趣的读者可扫二维码了解详细信息。

```
#test2-5.py: 播放视频
import cv2
vc=cv2.VideoCapture('C919.mp4')                #创建 VideoCapture 对象
fps=vc.get(cv2.CAP_PROP_FPS)                   #读取视频帧速率
size=(vc.get(cv2.CAP_PROP_FRAME_HEIGHT),
      vc.get(cv2.CAP_PROP_FRAME_WIDTH))        #读取视频大小
print('帧速率: ',fps)
print('大小: ',size)
success,frame=vc.read()                        #读第 1 帧
while success:                                 #循环读视频帧，直到视频结束
    cv2.imshow('C919',frame)                   #在窗口中显示帧图像
    success,frame=vc.read()                    #读下一帧
    key=cv2.waitKey(25)                        #延迟时间
    if key==27:                                #按【Esc】键退出
        break
vc.release()                                   #关闭视频
```

程序输出结果如下。

```
帧速率: 25.0
大小: (854.0, 480.0)
```

程序运行时的视频播放窗口如图 2-2 所示。

图 2-2 视频播放窗口

示例代码中调用了 VideoCapture 对象的 get()方法来获取视频的帧速率和大小，get()方法返回的视频高度和宽度为浮点数，要获得整数可用 int()函数进行转换，示例代码如下。

```
size=(int(vc.get(cv2.CAP_PROP_FRAME_HEIGHT)),
      int(vc.get(cv2.CAP_PROP_FRAME_WIDTH)))
```

在播放视频时，通常应使用 cv2.waitKey()函数设置延迟时间，如果未设置延迟时间，视频的播放速度会非常快。一般设置延迟时间为 25 毫秒。

2. 将视频写入文件

将视频写入文件与播放视频类似，需要逐帧将视频写入文件，示例代码如下。

```
#test2-6.py：将视频写入文件
import cv2
vc=cv2.VideoCapture('test2-5.mp4')                      #创建 VideoCapture 对象
fps=vc.get(cv2.CAP_PROP_FPS)                            #读取视频帧速率
size=(int(vc.get(cv2.CAP_PROP_FRAME_WIDTH)),
      int(vc.get(cv2.CAP_PROP_FRAME_HEIGHT)))           #读取视频大小
vw=cv2.VideoWriter('test2-6out.avi',                    #设置保存视频的文件名
                   cv2.VideoWriter_fourcc('X','V','I','D'),   #设置视频解码器格式
                   fps,size)                                  #设置帧速率和大小
success,frame=vc.read()                                 #读第 1 帧
while success:                                          #循环读视频帧，直到视频结束
    vw.write(frame)                                     #将帧写入文件
    success,frame=vc.read()                             #读下一帧
vc.release()                                            #关闭视频
```

示例代码中将视频文件 test2-5.mp4 按相同的帧速率和大小转换为 AVI 格式，存入文件 test2-6out.avi 中。

在创建 VideoWriter 对象时，可指定保存视频的文件名、视频解码器格式、帧速率和大小。cv2.VideoWriter_fourcc()函数用 4 个字符来指定解码器格式，通过解码器格式生成相应格式的视频文件。常用的解码器格式如下。

- cv2.VideoWriter_fourcc('P','I','M','1')：XVID 的 MPEG-1 编码格式，视频文件扩展名为.avi。
- cv2.VideoWriter_fourcc('M','P','4','2')：Microsoft 的 MPEG-4 编码格式，视频文件扩展名为.avi。
- cv2.VideoWriter_fourcc('X','V','I','D')：XVID 的 MPEG-4 编码格式，视频文件扩展名

为.avi。

- cv2.VideoWriter_fourcc('F','L','V','1')：XVID 的 MPEG-4 编码格式，视频文件扩展名为.flv。

3．捕获摄像头视频

要捕获摄像头视频，需要将摄像头 ID 作为参数来创建 VideoCapture 对象。通常，0 表示默认摄像头，示例代码如下。

```
#test2-7.py：将摄像头视频写入文件
import cv2
vc=cv2.VideoCapture(0)                                  #创建 VideoCapture 对象，视频源为默认摄像头
fps=30                                                  #预设视频帧速率
size=(int(vc.get(cv2.CAP_PROP_FRAME_WIDTH)),
    int(vc.get(cv2.CAP_PROP_FRAME_HEIGHT)))             #读取视频大小
vw=cv2.VideoWriter('test2-7out.avi',                    #设置保存视频的文件名
                cv2.VideoWriter_fourcc('X','V','I','D'),   #设置视频解码器格式
                fps,size)                               #设置帧速率和大小
success,frame=vc.read()                                 #读第 1 帧
while success:                                          #循环读视频帧，直到视频结束
    vw.write(frame)                                     #将帧写入文件
    cv2.imshow('MyCamera',frame)                        #显示帧
    key=cv2.waitKey()
    if key==27:                                         #按【Esc】键结束
        break
    success,frame=vc.read()                             #读下一帧
vc.release()                                            #关闭视频
```

程序运行时，显示摄像头视频的窗口如图 2-3 所示。同时，视频存入了文件 test2-7out.avi 中。

图 2-3　显示摄像头视频的窗口

2.2.3　操作灰度图像

通常，计算机将灰度处理为 256 级（0~255），0 表示黑色，255 表示白色，用一个字节来存储一个像素的值。OpenCV 使用单通道的二维数组来表示灰度图像，示例代码如下。

```
#test2-8.py：操作灰度图像
import cv2
import numpy
img=numpy.zeros((240,320),dtype=numpy.uint8)       #创建 240×320 黑色图像
n=0
while True:
    cv2.imshow('GrayImg',img)
    n+=20
    img[:,:]=n                                     #更改图像灰度值
    print(img[1,1])                                #输出一个像素值
    key=cv2.waitKey(1000)                          #延迟 1 秒
    if key==27:
        break                                      #按【Esc】键结束
```

程序运行时窗口中会显示灰度图像，并输出当前的灰度值，如图 2-4 所示。程序每过 1 秒，灰度值将增加 20，直到按【Esc】键结束。

图 2-4　操作灰度图像

代码中的“img[:,:]=n”语句将图像的全部像素值修改为 n，n 的值在程序运行过程中不断增大。从图 2-4 中可看到输出的像素值不会大于 255。当 n 大于 255 时，因为数组元素的数据类型为 numpy.uint8，所以 OpenCV 会自动按 256 取模。

2.2.4　操作彩色图像

2.2.4　操作彩色图像

不同色彩空间中，颜色的表示方法有所不同，但不同色彩空间之间可根据公式进行转换。本小节简单介绍 RGB 色彩空间中图像的表示方法。

RGB 中的 R 指红色（Red），G 指绿色（Green），B 指蓝色（Blue）。在表示图像时，有 R、G 和 B 3 个通道，分别对应红色、绿色和蓝色。每个通道中像素的取值范围为[0,255]，用 3 个通道的像素组合表示彩色图像。RGB 色彩空间中颜色通道依次为 R、G、B，但 OpenCV 默认的图像格式为 BGR，即颜色通道依次为 B、G、R。

OpenCV 使用三维数组表示 RGB 彩色图像，示例代码如下。

```
img=[[[128 138 225]
  [127 137 224]
  ...
  [ 84  74 188]]]
```

每个三元组中的值依次为 B、G、R 通道的颜色值。使用图像数组，可以很方便地更改图像的颜色，示例代码如下。

```
#test2-9.py：操作彩色图像
#创建一幅彩色图像，图像的上、中、下 3 个部分依次为蓝色、绿色和红色
#程序每隔 1 秒轮换 3 个部分的颜色
import cv2
import numpy
img=numpy.zeros((240,320,3),dtype=numpy.uint8)     #创建图像
r0=0
r1=1
r2=2
while True:
    img[:80,:,r0]=255                               #通道 r0，将上部 1/3 颜色值设为 255
    img[80:160,:,r1]=255                            #通道 r1，将中部 1/3 颜色值设为 255
    img[160:,:,r2]=255                              #通道 r2，将下部 1/3 颜色值设为 255
    cv2.imshow('ColorImg',img)
    key=cv2.waitKey(1000)                           #延迟 1 秒
    img[:,:,:]=0                                    #像素全部置 0
    t=r0                                            #轮换通道序号
    r0=r1
    r1=r2
    r2=t
    if key==27:
        break                                       #按【Esc】键结束
```

程序运行结果如图 2-5 所示。

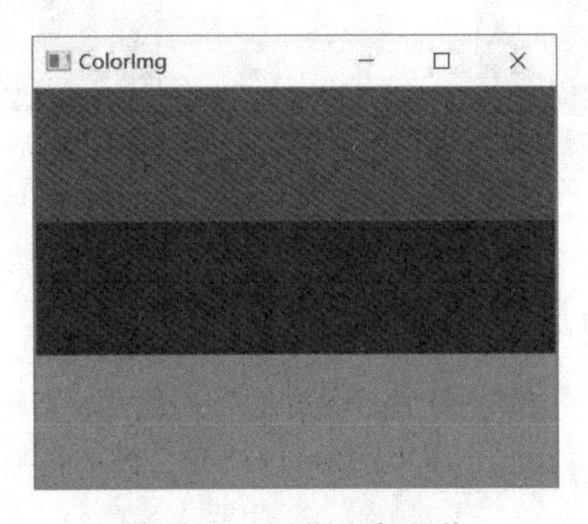

图 2-5　操作彩色图像

2.2.5　图像通道操作

2.2.5　图像通道操作

在 OpenCV 中，可对图像的色彩通道进行拆分和合并。

1. 通过数组索引拆分通道

OpenCV 中 BGR 格式的图像是一个三维数组，可用数组的索引操作拆分 3 个色彩通道，示例代码如下。

```
#test2-10.py：通过数组索引拆分通道
import cv2
img=cv2.imread('lena.jpg',cv2.IMREAD_REDUCED_COLOR_2)        #读图像，将其尺寸减小为原来的 1/2
```

```
cv2.imshow('lena',img)                #显示原图像
b=img[:,:,0]                          #获得 B 通道图像
g=img[:,:,1]                          #获得 G 通道图像
r=img[:,:,2]                          #获得 R 通道图像
cv2.imshow('lena_B',b)                #显示 B 通道图像
cv2.imshow('lena_G',g)                #显示 G 通道图像
cv2.imshow('lena_R',r)                #显示 R 通道图像
cv2.waitKey(0)
```

程序运行结果如图 2-6 所示。

（a）原图

（b）B 通道图

（c）G 通道图

（d）R 通道图

图 2-6　拆分显示色彩通道的图像

2. 使用 cv2.split()函数拆分通道

cv2.split()函数可以用于拆分通道，示例代码如下。

```
#test2-11.py：使用 cv2.split()函数拆分通道
import cv2
img=cv2.imread('lena.jpg',cv2.IMREAD_REDUCED_COLOR_2)        #读图像，将其尺寸减小为原来的 1/2
cv2.imshow('lena',img)                #显示原图像
b,g,r=cv2.split(img)                  #按通道拆分图像
cv2.imshow('lena_B',b)                #显示 B 通道图像
cv2.imshow('lena_G',g)                #显示 G 通道图像
cv2.imshow('lena_R',r)                #显示 R 通道图像
cv2.waitKey(0)
```

程序运行结果与图 2-6 所示的相同。cv2.split()函数拆分通道的效率不如数组索引，所以在处理较大图像时应优先考虑使用数组索引来拆分通道。

3. 合并图像通道

cv2.merge()函数可将 3 通道图像合并，其基本格式如下。

```
img=cv2.merge([b,g,r])
```

其中，变量 img 保存生成的图像，b、g、r 是 3 个单通道图像，依次将它们作为 B、G 和 R 通道的图像进行合并，示例代码如下。

```
#test2-12.py：合并图像通道
import cv2
img=cv2.imread('lena.jpg',cv2.IMREAD_REDUCED_COLOR_2)        #读图像，将其尺寸减小为原来的 1/2
cv2.imshow('lena',img)                                        #显示原图像
b,g,r=cv2.split(img)                                          #按通道拆分图像
rgb=cv2.merge([r,g,b])                                        #按新顺序合并
gbr=cv2.merge([g,b,r])                                        #按新顺序合并
cv2.imshow('lena_RGB',rgb)                                    #显示合并图像
cv2.imshow('lena_GBR',gbr)                                    #显示合并图像
cv2.waitKey(0)
```

程序运行结果如图 2-7 所示，其中图 2-7（a）为原图，图 2-7（b）是将原来的 R、G、B 通道数据作为 B、G、R 通道数据合并生成的图，图 2-7（c）是将原来的 G、B、R 通道数据作为 B、G、R 通道数据合并生成的图。

（a）原图

（b）按 R、G、B 顺序合并

（c）按 G、B、R 顺序合并

图 2-7　原图和交换通道数据后的合并图像

2.3 图像运算

OpenCV 使用 NumPy 数组表示图像，可以很方便地执行基于数组的图像运算，如图像的加法运算、加权加法运算和位运算等。

2.3.1　加法运算

加法运算符“+”和 cv2.add()函数可用于执行图像加法运算。

用“+”运算符执行两个图像数组加法时，如果两个像素相加大于 256，则会将其按 256 取模。cv2.add()函数执行两个图像数组加法时，如果两个像素相加大于 256，则取 255，示例代码如下。

```
#test2-13.py：图像加法运算
import cv2
img1=cv2.imread('lena.jpg',cv2.IMREAD_REDUCED_COLOR_2)        #读取图像
```

```
img2=cv2.imread('opencvlog.jpg',cv2.IMREAD_REDUCED_COLOR_2)        #读取图像
img3=img1+img2
img4=cv2.add(img1,img2)
cv2.imshow('lena',img1)                                            #显示原图像
cv2.imshow('log',img2)                                             #显示原图像
cv2.imshow('lena+log',img3)                                        #显示“+”运算结果图像
cv2.imshow('lenaaddlog',img4)                                      #显示 add()函数运算结果图像
cv2.waitKey(0)
```

程序运行结果如图 2-8 所示。

（a）原图 1

（b）原图 2

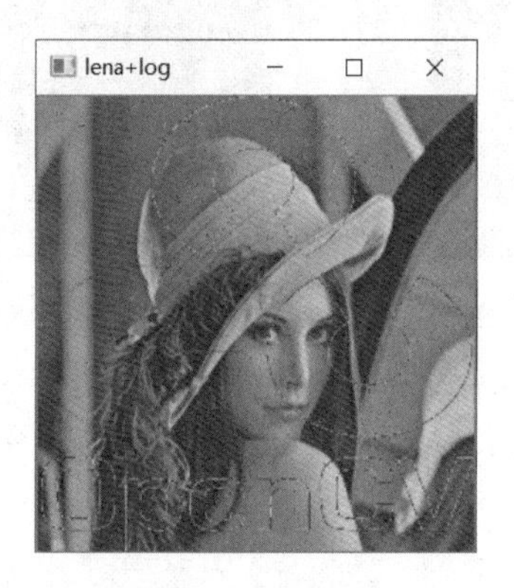

（c）“+”运算结果

（d）add()函数运算结果

图 2-8　图像的加法运算

2.3.2　加权加法运算

2.3.2　加权加法运算

cv2.addWeighted()函数可执行图像的加权加法运算，其基本格式如下。

```
dst = cv2.addWeighted(src1, alpha, src2, beta, gamma)
```

其中，变量 dst 保存结果，src1 和 src2 为执行加权加法运算的两个图像数组，alpha 和 beta 为权重，gamma 为附加值。OpenCV 按下面的公式执行图像数组的加权加法运算。

```
dst = src1*alpha + src2*beta + gamma
```

示例代码如下。

```
#test2-14.py: 图像的加权加法运算
import cv2
img1=cv2.imread('lena.jpg',cv2.IMREAD_REDUCED_COLOR_2)          #读取图像
img2=cv2.imread('opencvlog.jpg',cv2.IMREAD_REDUCED_COLOR_2)     #读取图像
img3=cv2.addWeighted(img1,0.8,img2,0.2,0)
cv2.imshow('lena',img1)                                         #显示原图像
cv2.imshow('log',img2)                                          #显示原图像
cv2.imshow('lena+log',img3)                                     #显示 addWeighted()函数运算结果图像
cv2.waitKey(0)
```

程序运行结果如图 2-9 所示，图中依次为两幅原图和加权加法运算结果图像。

图 2-9　图像的加权加法运算

2.3.3　位运算

OpenCV 提供了如下图像位运算函数。

- cv2.bitwise_and(src1,src2[,mask])：mask 对应的位不为 0 时，图像 src1 和 src2 执行按位与操作。
- cv2.bitwise_or(src1,src2[,mask])：mask 对应的位不为 0 时，图像 src1 和 src2 执行按位或操作。
- cv2.bitwise_not(src1[,mask])：mask 对应的位不为 0 时，图像 src1 执行按位取反操作。
- cv2.bitwise_xor(src1,src2[,mask])：mask 对应的位不为 0 时，图像 src1 和 src2 执行按位异或操作。

示例代码如下。

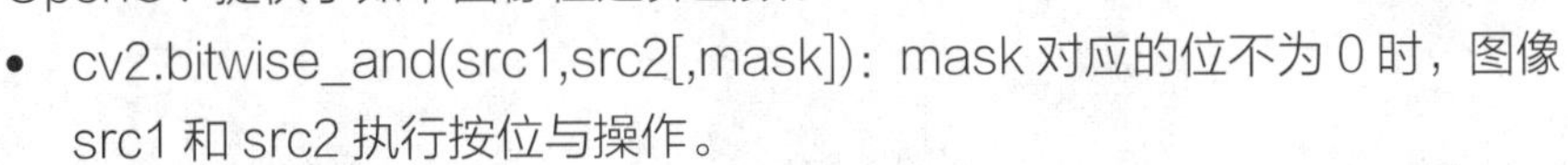

```
#test2-15.py: 图像位运算
import cv2
src1=cv2.imread('lena.jpg',cv2.IMREAD_REDUCED_COLOR_2)          #读取图像
src2=cv2.imread('opencvlog.jpg',cv2.IMREAD_REDUCED_COLOR_2)     #读取图像
img3=cv2.bitwise_and(src1,src2)                                 #按位与
img4=cv2.bitwise_or(src1,src2)                                  #按位或
img5=cv2.bitwise_not(src1)                                      #按位取反
img6=cv2.bitwise_xor(src1,src2)                                 #按位异或
```

```
cv2.imshow('lena',src1)                                     #显示原图像
cv2.imshow('log',src2)                                      #显示原图像
cv2.imshow('lenaandlog',img3)                               #显示按位与图像
cv2.imshow('lenaorlog',img4)                                #显示按位或图像
cv2.imshow('lenanotlog',img5)                               #显示按位取反图像
cv2.imshow('lenaxorlog',img6)                               #显示按位异或图像
cv2.waitKey(0)
```

程序运行结果如图 2-10 所示。

（a）原图 1

（b）原图 2

（c）按位与结果

（d）按位或结果

（e）按位取反结果

（f）按位异或结果

图 2-10　图像的位运算

2.4 实验

2.4.1　实验 1：为人物图像打码

2.4.1　实验 1：为人物图像打码

1. 实验目的

掌握图像的读取和显示，以及更改图像像素的方法。

2. 实验内容

使用 IDLE 编写一个程序，用黑色矩形框遮挡人物眼部。

3. 实验过程

具体操作步骤如下。

（1）在 Windows 的“开始”菜单中选择“Python 3.8\IDLE”命令，启动 IDLE 交互环境。

（2）在 IDLE 交互环境中选择“File\New”命令，打开源代码编辑器。

（3）在源代码编辑器中输入下面的代码。

```
#test2-16.py：实验 1 为人物图像打码
import cv2
src1=cv2.imread('lena.jpg')          #读取图像
cv2.imshow('lena',src1)              #显示原图像
src1[240:280,230:380]=0              #更改像素，为人物眼部打码
cv2.imshow('dama',src1)              #显示打码图像
cv2.waitKey(0)
```

（4）按【Ctrl+S】组合键保存程序。

（5）按【F5】键运行程序，运行结果如图 2-11 所示。

（a）原图

（b）遮挡后

图 2-11　遮挡人物眼部

2.4.2　实验 2：创建图像掩模

2.4.2　实验 2：创建图像掩模

1. 实验目的

掌握图像运算，利用图像运算操作图像。

2. 实验内容

使用图像掩模执行位运算，取出掩模内的图像。

3. 实验过程

（1）利用原图像创建图像掩模。图 2-12 所示为在画图工具中编辑的图像掩模，椭圆外部为黑色，内部为白色。

（2）在 Windows 的“开始”菜单中选择“Python 3.8\IDLE”命令，启动 IDLE 交互环境。

（3）在 IDLE 交互环境中选择“File\New”命令，打开源代码编辑器。

（4）在源代码编辑器中输入下面的代码。

```
#test2-17.py: 实验 2 创建图像掩模
import cv2
src1=cv2.imread('lena.jpg')                    #读取图像
src2=cv2.imread('lenamask.jpg')                #读取图像
img3=cv2.bitwise_and(src1,src2)                #按位与
cv2.imshow('lena',src1)                        #显示原图像
cv2.imshow('mask',src2)                        #显示掩模图像
cv2.imshow('done',img3)                        #显示按位与图像
cv2.waitKey(0)
```

（5）按【Ctrl+S】组合键保存程序。

（6）按【F5】键运行程序，运行结果如图 2-13 所示。

图 2-12　创建图像掩模

（a）原图

（b）使用掩模运算结果

图 2-13　使用掩模执行图像运算结果

习　题

1. 创建一幅大小为 240×320 的图像，图像中心是一个大小为 100×100 的红色正方形，周围是黑色，如图 2-14 所示。

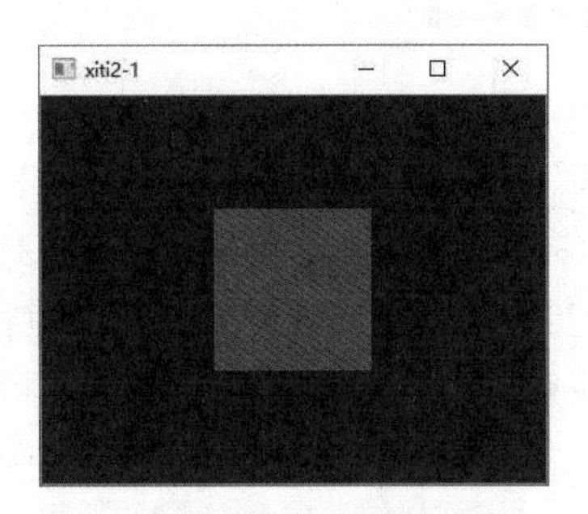

图 2-14　习题 1 图像

2. 选择一幅彩色图像，完成下列操作。

（1）将图像转换为灰度图像显示。

（2）将图像尺寸减小为原来的 1/2 显示。

3. 选择一幅彩色图像，通过像素更改，在图像中显示一个大小为 80×100 的黑色正方形。

4. 选择一幅彩色图像，分别显示其 B、G、R 通道图像。

5. 选择一幅彩色图像，用 NumPy 数组创建掩模，在图像中心取出大小为 80×120 的图像。

第 3 章 图形用户界面

OpenCV 的图形用户界面（Graphical User Interface，GUI）的功能主要包括图像的读写和显示、视频的读写和显示、窗口控制、绘图、响应鼠标事件和使用跟踪栏等。图像和视频的基本操作已在第 2 章中讲解，本章主要讲解窗口控制、绘图、响应鼠标事件和使用跟踪栏等内容。

3.1 窗口控制

3.1.1 创建和关闭窗口

3.1.1 创建和关闭窗口

1. 创建窗口

cv2.imshow()函数在显示图像时，指定的窗口如果不存在，则会按默认设置创建一个窗口，窗口大小由图像大小决定，且不能更改。

cv2.namedWindow()函数用于创建窗口，其基本格式如下。

```
cv2.namedWindow(winname[,flags])
```

其中，winname 为窗口名称，flags 为表示窗口属性的常量。如果已存在指定名称的窗口，函数将无效。常用的窗口属性常量如下。

- cv2.WINDOW_NORMAL：用户可以调整窗口大小，无限制。
- cv2.WINDOW_AUTOSIZE：默认值，用户无法调整窗口大小，窗口大小由显示的图像决定。
- cv2.WINDOW_FULLSCREEN：窗口将全屏显示。
- cv2.WINDOW_GUI_EXPANDED：窗口中可显示状态栏和工具栏。
- cv2.WINDOW_FREERATIO：窗口将尽可能多地显示图片（无比例限制）。
- cv2.WINDOW_KEEPRATIO：窗口由图像的比例决定。

示例代码如下。

```
#test3-1.py：创建窗口
import numpy
import cv2
img=numpy.zeros((240,320),dtype=numpy.uint8)          #创建黑色图像
img[70:170,110:210]=255                               #设置白色区域
cv2.namedWindow('test3-1',cv2.WINDOW_NORMAL)          #创建普通窗口
cv2.imshow('test3-1',img)                             #在窗口中显示图像
cv2.waitKey(0)
```

程序运行结果如图 3-1 所示。图中所示的窗口为普通窗口，可任意调整大小。调整窗口大小时，图像会随着窗口大小变化。

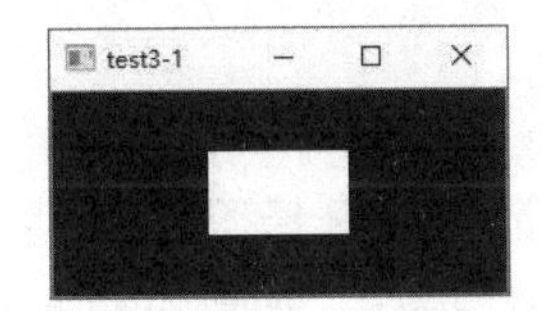

图 3-1　普通窗口

2. 关闭窗口

OpenCV 提供了以下两个用于关闭窗口的函数。

- cv2.destroyAllWindows()。

关闭所有窗口，示例代码如下。

```
cv2.destroyAllWindows()
```

- cv2.destroyWindow (winname)。

关闭指定名称的窗口，示例代码如下。

```
cv2.destroyWindow('test3-1')
```

3.1.2　调整窗口大小

3.1.2　调整窗口大小

cv2.resizeWindow()函数用于更改窗口大小，其基本格式如下。

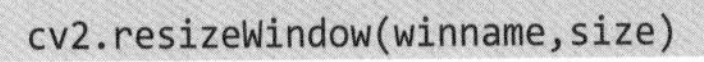

```
cv2.resizeWindow(winname,size)
```

其中，winname 为窗口名称，size 为表示窗口大小的二元组，示例代码如下。

```
#test3-2.py: 调整窗口大小
import cv2
img=cv2.imread('lena.jpg')                          #读取图像
s=img.shape
cv2.imshow('lena',img)                              #显示图像
key=cv2.waitKey(500)
cv2.resizeWindow('lena',(s[0]//2,s[1]//2))          #更改窗口大小
cv2.waitKey(0)
```

3.2　绘图

OpenCV 提供的绘图函数可用于绘制直线、矩形、圆、椭圆、多边形及文本等。

3.2.1　绘制直线

3.2.1　绘制直线

cv2.line()函数用于绘制直线，其语法格式如下。

```
cv2.line(img, pt1, pt2, color[, thickness[, lineType[, shift]]] )
```

参数说明如下。

- img 为用于绘制图像的图像。
- pt1 为直线段的起点坐标。
- pt2 为直线段的终点坐标。
- color 为直线段的颜色。通常使用 BGR 模型表示颜色，如(255,0,0)表示蓝色。
- thickness 表示线条粗细。默认值为 1，设置为-1 时表示绘制填充图形。
- lineType 表示线条类型，默认值为 cv2.Line_8。线条类型可设置为下列常量。
  - cv2.FILLED：填充。
  - cv2.LINE_4：4 条连接线。
  - cv2.LINE_8：8 条连接线。
  - cv2.LINE_AA：抗锯齿线，线条更平滑。
- shift 表示坐标的数值精度，一般情况下不需要设置。

示例代码如下。

```
#test3-3.py：绘制直线
import numpy as np
import cv2
img=np.zeros((200,320,3), np.uint8)                    #创建一幅黑色图像
cv2.line(img,(0,0),(320,200),(255,0,0),5)              #画对角线 1，蓝色
cv2.line(img,(320,0),(0,200),(0,255,0),5)              #画对角线 2，绿色
cv2.imshow('draw',img)                                 #显示图像
cv2.waitKey(0)
```

程序运行结果如图 3-2 所示。

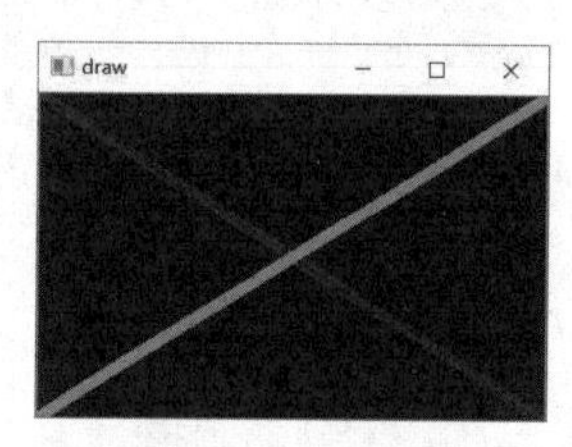

图 3-2　绘制直线

3.2.2　绘制矩形

3.2.2　绘制矩形

cv2.rectangle()函数用于绘制矩形，其语法格式如下。

```
cv2.rectangle(img,pt1,pt2,color[,thickness[,lineType[,shift]]])
```

参数说明如下。

- img、color、thickness、lineType 和 shift 等参数与 cv2.line()函数中的含义一致。
- pt1 为矩形的一个顶点。
- pt2 为矩形中与 pt1 相对的另一个顶点。

示例代码如下。

```
#test3-4.py：绘制矩形
```

```
import numpy as np
import cv2
img=np.zeros((200,320,3), np.uint8)                  #创建一幅黑色图像
cv2.rectangle(img,(20,20),(300,180),(255,0,0),5)     #画矩形，蓝色边框
cv2.rectangle(img,(70,70),(250,130),(0,255,0),-1)    #画矩形，绿色填充
cv2.imshow('draw',img)                               #显示图像
cv2.waitKey(0)
```

程序运行结果如图 3-3 所示。

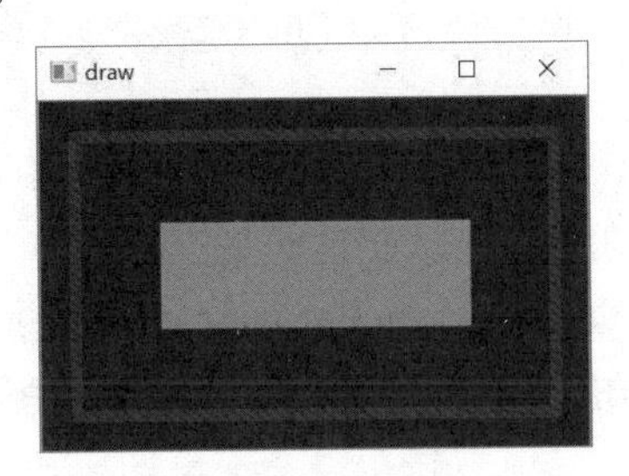

图 3-3　绘制矩形

3.2.3　绘制圆

cv2.circle()函数用于绘制圆，其语法格式如下。

```
cv2.circle( img, center, radius, color[, thickness[, lineType[, shift]]] )
```

参数说明如下。

- img、color、thickness、lineType 和 shift 等参数与 cv2.line()函数中的含义一致。
- center 为圆心坐标。
- radius 为半径。

示例代码如下。

```
#test3-5.py：绘制圆
import numpy as np
import cv2
img=np.zeros((200,320,3), np.uint8)             #创建一幅黑色图像
cv2.circle(img,(160,100),80,(255,0,0),5)        #画圆，蓝色边框
cv2.circle(img,(160,100),40,(0,255,0),-1)       #画圆，绿色填充
cv2.imshow('draw',img)                          #显示图像
cv2.waitKey(0)
```

程序运行结果如图 3-4 所示。

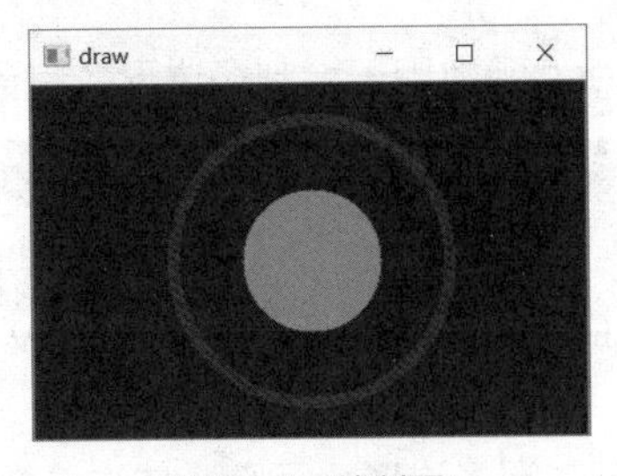

图 3-4　绘制圆

3.2.4 绘制椭圆

3.2.4 绘制椭圆

cv2.ellipse()函数用于绘制椭圆，其语法格式如下。

```
cv2.ellipse(img,center,axes,angle,startAngle,endAngle,color[,thickness[,
        lineType[, shift]]] )
```

参数说明如下。

- img、color、thickness、lineType 和 shift 等参数与 cv2.line()函数中的含义一致。
- center 为椭圆圆心坐标。
- axes 为椭圆的轴。例如，(100,50)表示长轴的一半为 100，短轴的一半为 50。
- angle 为椭圆长轴的旋转角度，即长轴与 *x* 轴的夹角。
- startAngle 为圆弧的开始角度。
- endAngle 为圆弧的结束角度。开始角度为 0°，结束角度为 360° 时，可绘制完整椭圆；否则为椭圆弧。

示例代码如下。

```
#test3-6.py: 绘制椭圆
import numpy as np
import cv2
img=np.zeros((200,320,3), np.uint8)+255                      #创建一幅白色图像
cv2.ellipse(img,(160,100),(120,50),0,0,360,(255,0,0),5)      #画椭圆，蓝色边框
cv2.ellipse(img,(160,100),(60,15),0,0,360,(0,255,0),51)      #画椭圆，绿色填充
cv2.imshow('draw',img)                                        #显示图像
cv2.waitKey(0)
```

程序运行结果如图 3-5 所示。

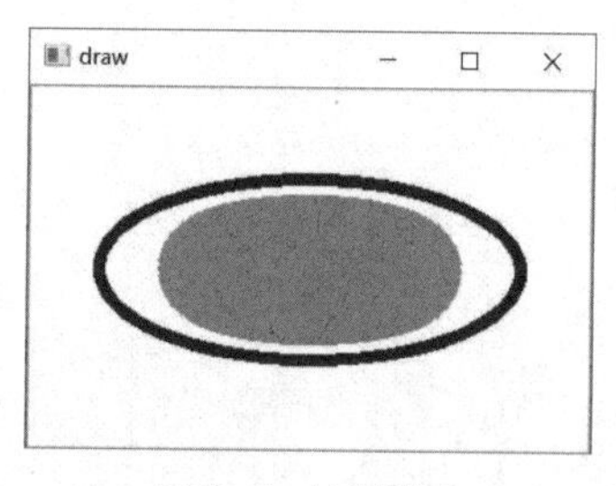

图 3-5 绘制椭圆

3.2.5 绘制多边形

3.2.5 绘制多边形

cv2.polylines()函数用于绘制多边形，其语法格式如下。

```
cv2.polylines( img, pts, isClosed, color[, thickness[, lineType[, shift]]] )
```

参数说明如下。

- img、color、thickness、lineType 和 shift 等参数与 cv2.line()函数中的含义一致。
- pts 为多边形各顶点坐标。
- isClosed 为 True 时，绘制封闭多边形；否则，依次连接各个顶点，绘制一条曲线。

示例代码如下。

```
#test3-7.py：绘制多边形
import numpy as np
import cv2
img=np.zeros((200,320,3), np.uint8)+255                             #创建一幅白色图像
pts=np.array([[160,20],[20,100],[160,180],[300,100]], np.int32)     #创建顶点
cv2.polylines(img,[pts],True,(255,0,0),5)                           #画多边形，蓝色边框
pts=np.array([[160,60],[60,100],[160,140],[260,100]], np.int32)     #创建顶点
cv2.polylines(img,[pts],False,(0,255,0),5)                          #画曲线，绿色
cv2.imshow('draw',img)                                              #显示图像
cv2.waitKey(0)
```

程序运行结果如图 3-6 所示。

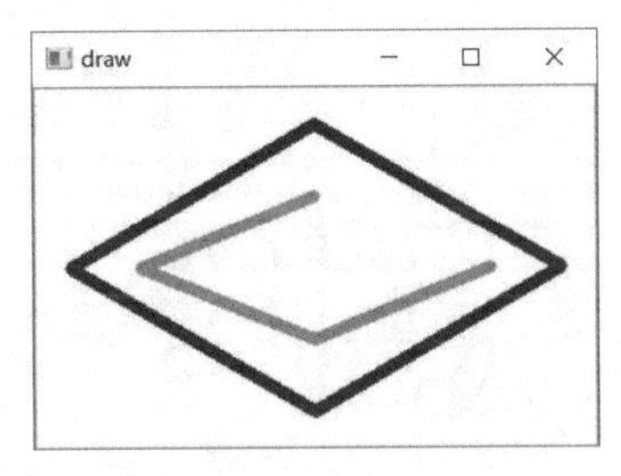

图 3-6　绘制多边形和曲线

3.2.6　绘制文本

3.2.6　绘制文本

cv2.putText()函数用于绘制文本，其语法格式如下。

```
cv2.putText( img, text, org, fontFace, fontScale, color[, thickness[, lineType[, bottomLeftOrigin]]] )
```

参数说明如下。

- img、color、thickness 和 lineType 等参数与 cv2.line()函数中的含义一致。
- text 为要绘制的文本。
- org 为文本左下角的位置。
- fontFace 为字体类型，参数值可设置为如下常量。
  - cv2.FONT_HERSHEY_SIMPLEX：正常大小的 sans-serif 字体。
  - cv2.FONT_HERSHEY_PLAIN：小号的 sans-serif 字体。
  - cv2.FONT_HERSHEY_DUPLEX：较复杂的正常大小的 sans-serif 字体。
  - cv2.FONT_HERSHEY_COMPLEX：正常大小的 serif 字体。
  - cv2.FONT_HERSHEY_TRIPLEX：较复杂的正常大小的 serif 字体。
  - cv2.FONT_HERSHEY_COMPLEX_SMALL：简化版正常大小的 serif 字体。
  - cv2.FONT_HERSHEY_SCRIPT_SIMPLEX：手写风格字体。
  - cv2.FONT_HERSHEY_SCRIPT_COMPLEX：较复杂的手写风格字体。
  - cv2.FONT_ITALIC：斜体。
- fontScale 为字体大小。

- bottomLeftOrigin 为文本方向，默认值为 False；设置为 True 时，文本为垂直镜像效果。

示例代码如下。

```
#test3-8.py：绘制文本
import numpy as np
import cv2
img=np.zeros((200,320,3), np.uint8)+255                    #创建一幅白色图像
font=cv2.FONT_HERSHEY_SCRIPT_SIMPLEX
cv2.putText(img,'Python',(50,100),font,2,(255,0,0),2,cv2.LINE_AA)#绘制文本
cv2.putText(img,'Python',(50,100),font,2,
                   (255,0,0),2,cv2.LINE_AA,True)           #绘制镜像文本
cv2.imshow('draw',img)                                     #显示图像
cv2.waitKey(0)
```

程序运行结果如图 3-7 所示。

图 3-7　绘制文本

cv2.putText()函数不能在图像中绘制汉字，可使用 PIL 模块在图像中绘制汉字，示例代码如下。

```
#test3-8-2.py：绘制汉字
import numpy as np
import cv2
img=np.zeros((200,320,3), np.uint8)+255                    #创建一幅白色图像
from PIL import ImageFont, ImageDraw, Image
fontpath = "STSONG.TTF"                                    #指定字体文件名
font1 = ImageFont.truetype(fontpath,36)                    #载入字体，设置字号
img_pil = Image.fromarray(img)                             #转换为 PIL 格式
draw = ImageDraw.Draw(img_pil)                             #创建 Draw 对象
draw.text((50,60),'计算机视觉',font=font1,fill=(0,0,0)) #绘制文本
img = np.array(img_pil)                                    #转换为图像数组
cv2.imshow('draw',img)                                     #显示图像
cv2.waitKey(0)
```

程序运行结果如图 3-8 所示。

图 3-8　绘制汉字

3.2.7 绘制箭头

3.2.7 绘制箭头

cv2.arrowedLine()函数用于绘制箭头，其语法格式如下。

```
cv2.arrowedLine(img,pt1,pt2,color[,thickness[,lineType[,shift[,tipLength]]]])
```

参数说明如下。

- img、pt1、pt2、color、thickness、lineType 和 shift 等参数与 cv2.line()函数中的含义一致。
- tipLength 为箭尖相对于箭头长度的比例，默认值为 0.1。

示例代码如下。

```
#test3-9.py：绘制箭头
import numpy as np
import cv2
img=np.zeros((200,320,3), np.uint8)+255                #创建一幅白色图像
cv2.arrowedLine(img,(50,50),(50,150), (0,0,255),2)     #绘制红色垂直箭头
cv2.arrowedLine(img,(50,50),(300,50), (0,0,255),2)     #绘制红色水平箭头
cv2.imshow('draw',img)                                 #显示图像
cv2.waitKey(0)
```

程序运行结果如图 3-9 所示。

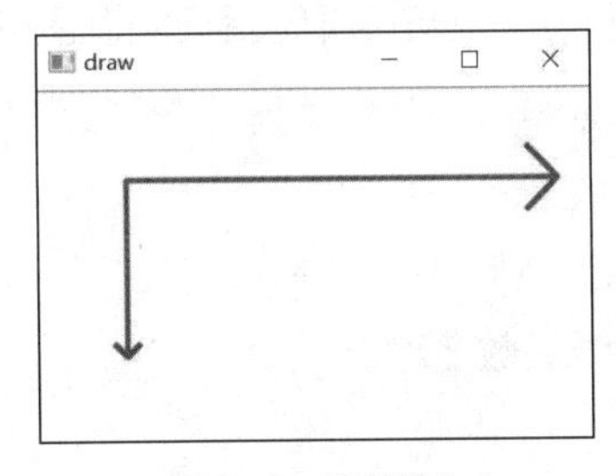

图 3-9 绘制箭头

3.3 响应鼠标事件

3.3 响应鼠标事件

OpenCV 可在用户触发鼠标事件时，调用鼠标回调函数完成事件处理。

鼠标回调函数的基本格式如下。

```
def mouseCallback(event,x,y,flags,param):...
```

参数说明如下。

- mouseCallback 为自定义函数名称。
- event 为调用时传递给函数的鼠标事件对象。
- x 和 y 为触发鼠标事件时，鼠标指针在窗口中的坐标(x,y)。
- flags 为触发鼠标事件时，鼠标拖动或键盘按键操作，参数可设置为下列常量。
  - cv2.EVENT_LBUTTONDBLCLK：双击鼠标左键。
  - cv2.EVENT_LBUTTONDOWN：按下鼠标左键。

- cv2.EVENT_LBUTTONUP：释放鼠标左键。
- cv2.EVENT_MBUTTONDBLCLK：双击鼠标中键。
- cv2.EVENT_MBUTTONDOWN：按下鼠标中键。
- cv2.EVENT_MBUTTONUP：释放鼠标中键。
- cv2.EVENT_MOUSEHWHEEL：滚动鼠标中键（正、负值表示向左或向右滚动）。
- cv2.EVENT_MOUSEMOVE：鼠标移动。
- cv2.EVENT_MOUSEWHEEL：滚动鼠标中键（正、负值表示向前或向后滚动）。
- cv2.EVENT_RBUTTONDBLCLK：双击鼠标右键。
- cv2.EVENT_RBUTTONDOWN：按下鼠标右键。
- cv2.EVENT_RBUTTONUP：释放鼠标右键。
- cv2.EVENT_FLAG_ALTKEY：按下【Alt】键。
- cv2.EVENT_FLAG_CTRLKEY：按下【Ctrl】键。
- cv2.EVENT_FLAG_LBUTTON：按住鼠标左键拖动。
- cv2.EVENT_FLAG_MBUTTON：按住鼠标中键拖动。
- cv2.EVENT_FLAG_RBUTTON：按住鼠标右键拖动。
- cv2.EVENT_FLAG_SHIFTKEY：按下【Shift】键。

- param 为传递给回调函数的其他数据。

cv2.setMouseCallback()用于为图像窗口绑定鼠标回调函数，其基本格式如下。

```
cv2.setMouseCallback(wname, mouseCallback)
```

参数说明如下。

- wname 为图像窗口的名称。
- mouseCallback 为鼠标回调函数名称。

示例代码如下。

```
#test3-10.py：响应鼠标事件
import numpy as np
import cv2
img=np.zeros((200,320,3), np.uint8)+255                  #创建一幅白色图像
def draw(event,x,y,flag,param):                          #定义鼠标回调函数
    if event==cv2.EVENT_LBUTTONDBLCLK:
        cv2.circle(img,(x,y),20,(255,0,0),-1)            #双击鼠标左键时画圆
    elif event==cv2.EVENT_RBUTTONDBLCLK:
        cv2.rectangle(img,(x,y),(x+20,y+20),(0,0,255),-1)#双击鼠标右键时画矩形
cv2.namedWindow('drawing')                               #命名图像窗口
cv2.setMouseCallback('drawing',draw)                     #为窗口绑定回调函数
while(True):
    cv2.imshow('drawing',img)                            #显示图像
    k = cv2.waitKey(1)
    if k == 27:                                          #按【Esc】键时结束循环
        break
cv2.destroyAllWindows()
```

程序运行结果如图 3-10 所示。

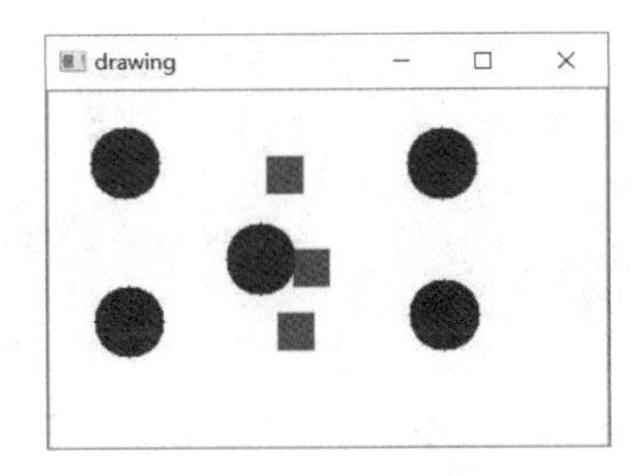

图 3-10　响应鼠标操作绘制图形

3.4 使用跟踪栏

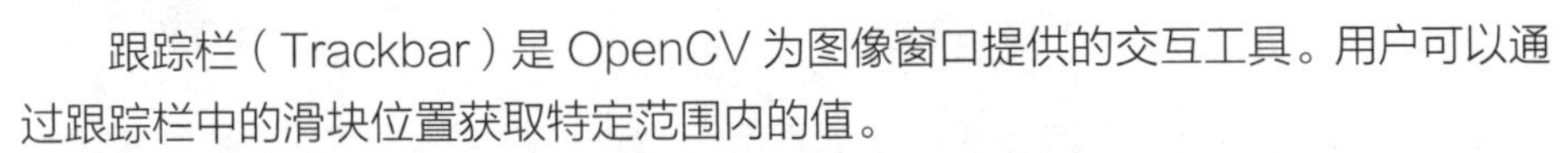

跟踪栏（Trackbar）是 OpenCV 为图像窗口提供的交互工具。用户可以通过跟踪栏中的滑块位置获取特定范围内的值。

cv2.createTrackbar()函数用于创建跟踪栏，其基本格式如下。

```
cv2.createTrackbar(trackbarname,wname,value,count,onChange,userdata)
```

参数说明如下。

- trackbarname 为跟踪栏的名称。
- wname 为图像窗口的名称。
- value 为跟踪栏中滑块的初始位置。
- count 为跟踪栏的最大值，最小值为 0。
- onChange 为跟踪栏滑块位置变化时调用的回调函数名称。
- userdata 为传递给回调函数的其他可选数据。

cv2.getTrackbarPos()函数用于返回跟踪栏的当前值，其基本格式如下。

```
retval=cv2.getTrackbarPos(trackbarname, wname)
```

参数说明如下。

- trackbarname 为跟踪栏的名称。
- wname 为图像窗口的名称。

示例代码如下。

```
#test3-11.py: 使用跟踪栏
import numpy as np
import cv2
img=np.zeros((120,400,3), np.uint8)                  #创建一幅黑色图像
def doChange(x):
    b=cv2.getTrackbarPos('B','tracebar')
    g=cv2.getTrackbarPos('G','tracebar')
    r=cv2.getTrackbarPos('R','tracebar')
    img[:]=[b,g,r]                                   #更改图像
cv2.namedWindow('tracebar')
cv2.createTrackbar('B','tracebar',0,255,doChange)    #创建跟踪栏
cv2.createTrackbar('G','tracebar',0,255,doChange)
cv2.createTrackbar('R','tracebar',0,255,doChange)
```

```
while(True):
    cv2.imshow('tracebar',img)                          #显示图像
    k = cv2.waitKey(1)
    if k == 27:                                         #按【Esc】键时结束循环
        break
cv2.destroyAllWindows()
```

程序在图像窗口中创建了 3 个跟踪栏，分别用于调整图像 B、G 和 R 通道的颜色值。程序运行结果如图 3-11 所示，改变跟踪栏中滑块的位置，可改变图像的颜色。

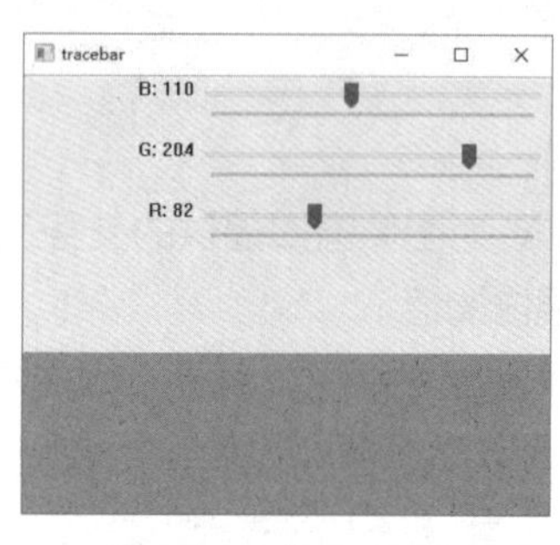

图 3-11　使用跟踪栏

3.5 实验

3.5.1 实验 1：使用鼠标指针取点绘图

3.5.1　实验 1：使用鼠标指针取点绘图

1. 实验目的

掌握在图像窗口中响应鼠标事件和绘制图形的基本方法。

2. 实验内容

创建一幅图像，在图像中单击鼠标左键时绘制鼠标指针所在的点和坐标，单击鼠标右键时使用前面单击鼠标左键所取的点绘制多边形。

3. 实验过程

具体操作步骤如下。

（1）在 Windows 的“开始”菜单中选择“Python 3.8\IDLE”命令，启动 IDLE 交互环境。

（2）在 IDLE 交互环境中选择“File\New”命令，打开源代码编辑器。

（3）在源代码编辑器中输入下面的代码。

```
#test3-12.py：实验 1 使用鼠标指针取点绘图
import numpy as np
import cv2
img=np.zeros((320,640,3), np.uint8)+255                 #创建一幅白色图像
font=cv2.FONT_HERSHEY_PLAIN
xys=[]
def draw(event,x,y,flag,param):                         #定义鼠标回调函数
    global xys
    if event==cv2.EVENT_LBUTTONUP:                      #响应释放鼠标左键事件
        xy='(%s,%s)'%(x,y)
```

```
        cv2.putText(img,xy,(x,y),font,2,(0,0,0),1,cv2.LINE_AA)     #绘制坐标
        xys.append([x,y])                                          #记录鼠标指针位置
        cv2.circle(img,(x,y),5,(0,0,255),-1)                       #画点，标注鼠标指针位置
    elif event==cv2.EVENT_RBUTTONUP:                               #响应释放鼠标右键事件
        pts=np.array(xys, np.int32)                                #创建顶点
        cv2.polylines(img,[pts],True,(255,0,0),2)                  #画多边形，蓝色边框
        xys=[]
    cv2.imshow('drawing',img)                                      #显示图像
cv2.namedWindow('drawing')                                         #命名图像窗口
cv2.setMouseCallback('drawing',draw)                               #为窗口绑定回调函数
cv2.imshow('drawing',img)                                          #显示图像
cv2.waitKey(0)
```

（4）按【Ctrl+S】组合键保存程序文件，将文件命名为 test3-12.py。

（5）按【F5】键运行程序，运行结果如图 3-12 所示。

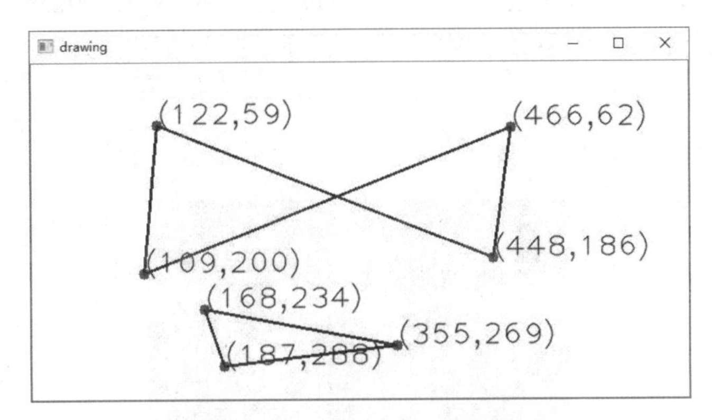

图 3-12　使用鼠标指针取点绘图

3.5.2　实验 2：使用跟踪栏选择通道图像

3.5.2　实验 2：使用跟踪栏选择通道图像

1. 实验目的

掌握跟踪栏的基本使用方法。

2. 实验内容

创建一个跟踪栏，将其值设置为 0、1、2 和 3，根据跟踪栏的值依次显示原图像、B 通道图像、G 通道图像和 R 通道图像。

3. 实验过程

具体操作步骤如下。

（1）在 Windows 的“开始”菜单中选择“Python 3.8\IDLE”命令，启动 IDLE 交互环境。

（2）在 IDLE 交互环境中选择“File\New”命令，打开源代码编辑器。

（3）在源代码编辑器中输入下面的代码。

```
#test3-13.py：实验 2 使用跟踪栏选择通道图像
import numpy as np
import cv2
img=img2=cv2.imread('daiyu.jpg')                           #读取图像
def doChange(x):
```

```
    global img
    bgr=cv2.getTrackbarPos('BGR','showbgr')
    if bgr==0:
        img=img2                                            #显示原图像
    else:
        img=img2[:,:,bgr-1]                                 #获取通道图像
cv2.namedWindow('showbgr')
cv2.createTrackbar('BGR','showbgr',0,3,doChange)            #创建跟踪栏
while(True):
    cv2.imshow('showbgr',img)                               #显示图像
    k = cv2.waitKey(1)
    if k == 27:                                             #按【Esc】键时结束循环
        break
cv2.destroyAllWindows()
```

（4）按【Ctrl+S】组合键保存程序文件，将文件命名为 text3-13.py。

（5）按【F5】键运行程序，运行结果如图 3-13 所示。注意：窗口最大化才能显示完整的跟踪栏。

图 3-13　使用跟踪栏选择通道图像

习　题

1. 使用 cv2.line()函数绘制一个边长为 200 个像素的等边三角形，如图 3-14 所示。

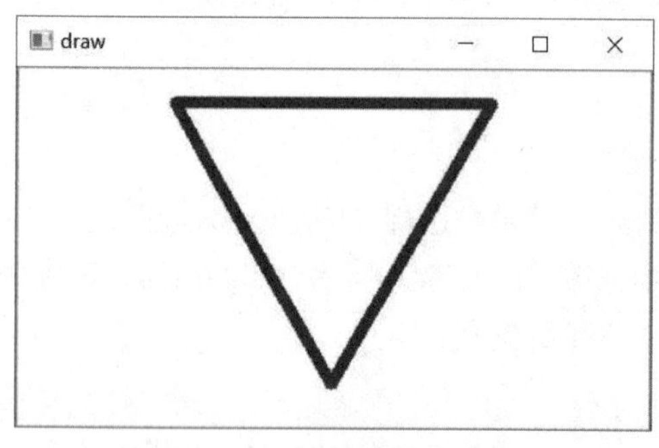

图 3-14　绘制等边三角形

2. 创建一幅像素大小为 200×320 的图像，在其中绘制嵌套的矩形，矩形之间及最外面矩形与图像边缘的间距像素均为 10，如图 3-15 所示。

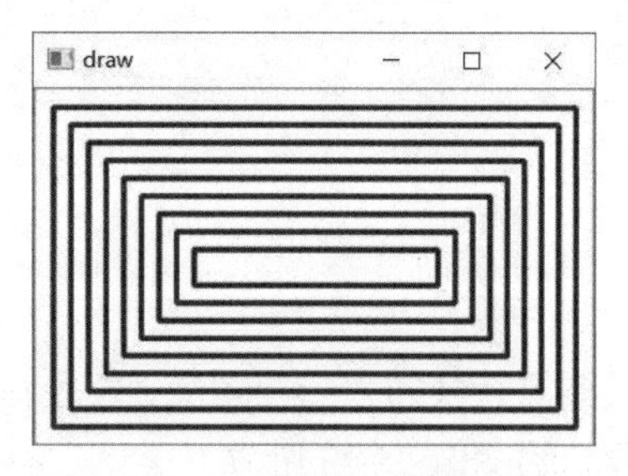

图 3-15　绘制嵌套的矩形

3. 绘制箭靶并标注环数，如图 3-16 所示。

图 3-16　绘制箭靶

4. 绘制一个像素大小为 100×240 的圆角矩形，圆角半径像素为 20，如图 3-17 所示。

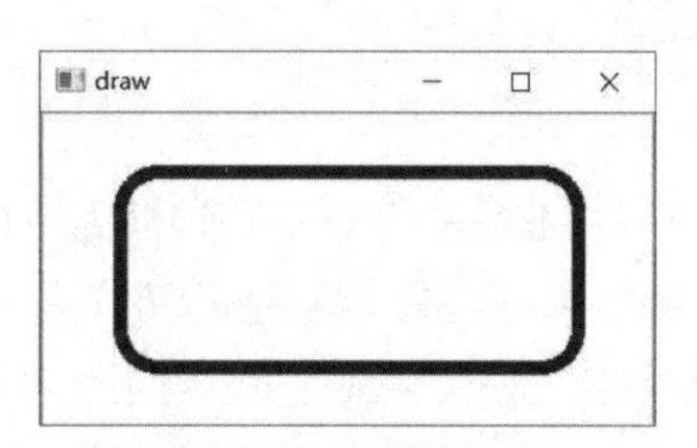

图 3-17　绘制圆角矩形

5. 创建一幅图像，可在图像中按住鼠标左键移动绘制图形，双击鼠标左键可清除绘制的图形，如图 3-18 所示。

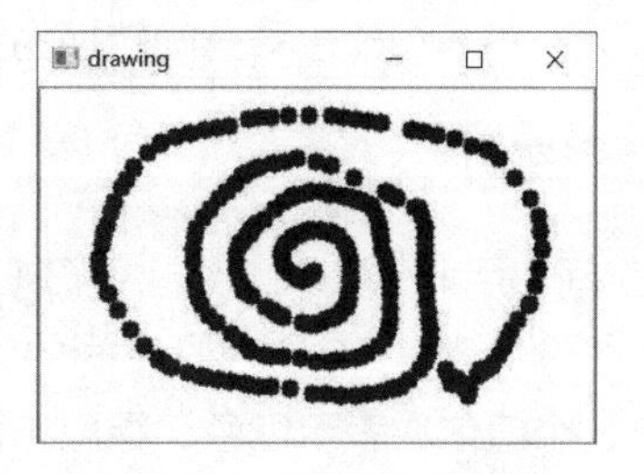

图 3-18　用鼠标指针绘图

第 4 章
图像变换

图像变换是指通过技术手段将图像转换为另一幅图像，如色彩空间变换、几何变换、图像模糊、阈值处理和形态变换等。本章主要介绍图像变换的相关内容。

4.1 色彩空间变换

色彩空间也称颜色模型、颜色空间、色彩模型等，它是图像在计算机内部的一种存储方式。常见的色彩空间包括 RGB、GRAY、XYZ、YCrCb、HSV 等。每种色彩空间都有其擅长的问题解决领域，所以在解决具体色彩问题时往往需要进行色彩空间类型转换。

OpenCV 的 cv2.cvtColor()函数用于转换色彩空间类型，其基本格式如下。

```
dst = cv2.cvtColor(src,code[,dstCn]])
```

参数说明如下。

- dst 表示转换后的图像。
- src 表示转换前的原图像。
- code 表示色彩空间类型转换码。
- dstCn 表示目标图像的通道数。

常见的色彩空间类型转换码如下。

- cv2.COLOR_BGR2RGB：将 BGR 色彩空间转换为 RGB 色彩空间。
- cv2.COLOR_BGR2GRAY：将 BGR 色彩空间转换为 GRAY 色彩空间。
- cv2.COLOR_BGR2HSV：将 BGR 色彩空间转换为 HSV 色彩空间。
- cv2.COLOR_BGR2YCrCb：将 BGR 色彩空间转换为 YCrCb 色彩空间。
- cv2.COLOR_RGB2BGR：将 RGB 色彩空间转换为 BGR 色彩空间。
- cv2.COLOR_RGB2GRAY：将 RGB 色彩空间转换为 GRAY 色彩空间。
- cv2.COLOR_RGB2HSV：将 RGB 色彩空间转换为 HSV 色彩空间。
- cv2.COLOR_RGB2YCrCb：将 RGB 色彩空间转换为 YCrCb 色彩空间。

4.1.1 RGB 色彩空间

4.1.1 RGB 色彩空间

RGB 色彩空间使用 R（Red，红）、G（Green，绿）和 B（Blue，蓝）3 种基本颜色表示图像像素。RGB 色彩空间中，图像的每个像素用一个三元组表示，三元组中的 3 个值依次表示红色、绿色和蓝色，依次对应 R、G 和 B 通道。OpenCV 默认采用 BGR 色彩空间，它按 B、G 和 R 通道顺序表示图像。

在 cv2.cvtColor()函数中使用 cv2.COLOR_BGR2RGB 转换码可将图像从 BGR 色彩空间转换为 RGB 色彩空间，示例代码如下。

```
#test4-1.py：将 BGR 色彩空间转换为 RGB 色彩空间
import cv2
img=cv2.imread('bee.jpg')                    #读取图像
cv2.imshow('BGR',img)                        #显示图像
img2=cv2.cvtColor(img,cv2.COLOR_BGR2RGB)     #转换色彩空间为 RGB
cv2.imshow('RGB',img2)                       #显示图像
cv2.waitKey(0)
```

程序运行结果如图 4-1 所示，其中，左图为 BGR 色彩空间图像，右图为 RGB 色彩空间图像。

图 4-1　BGR 和 RGB 色彩空间图像对比

4.1.2　GRAY 色彩空间

GRAY 色彩空间通常指 8 位灰度图像，其颜色取值范围为[0,255]，共 256 个灰度级。从 RGB 色彩空间转换为 GRAY 色彩空间的计算公式如下。

4.1.2　GRAY 色彩空间

$$Gray = 0.299R + 0.587G + 0.114B$$

其中，R、G 和 B 为 RGB 色彩空间中 R、G 和 B 通道的图像。

在 cv2.cvtColor()函数中使用 cv2.COLOR_BGR2GRAY 转换码可将图像从 BGR 色彩空间转换为 GRAY 色彩空间，示例代码如下。

```
#test4-2.py：将 BGR 色彩空间转换为 GRAY 色彩空间
import cv2
img=cv2.imread('bee.jpg')                    #读取图像
cv2.imshow('BGR',img)                        #显示图像
img2=cv2.cvtColor(img,cv2.COLOR_BGR2GRAY)    #转换色彩空间为 GRAY
cv2.imshow('GRAY',img2)                      #显示图像
cv2.waitKey(0)
```

程序运行结果如图 4-2 所示，其中，左图为 BGR 色彩空间图像，右图为 GRAY 色彩空间图像。

图 4-2　BGR 和 GRAY 色彩空间图像对比

4.1.3　YCrCb 色彩空间

4.1.3　YCrCb 色彩空间

YCrCb 色彩空间用亮度 Y、红色 Cr 和蓝色 Cb 表示图像。从 RGB 色彩空间转换为 YCrCb 色彩空间的计算公式如下。

$$Y = 0.299R + 0.587G + 0.114B$$

$$\mathrm{Cr} = 0.713(R - Y) + \mathrm{delta}$$

$$\mathrm{Cb} = 0.564(B - Y) + \mathrm{delta}$$

其中，$\mathrm{delta} = \begin{cases} 128 & \text{8 位图像} \\ 32767 & \text{16 位图像} \\ 0.5 & \text{单精度图像} \end{cases}$

在 cv2.cvtColor()函数中使用 cv2.COLOR_BGR2YCrCb 转换码可将图像从 BGR 色彩空间转换为 YCrCb 色彩空间，示例代码如下。

```
#test4-3.py：将 BGR 色彩空间转换为 YCrCb 色彩空间
import cv2
img=cv2.imread('bee.jpg')                                    #读取图像
cv2.imshow('BGR',img)                                        #显示图像
img2=cv2.cvtColor(img,cv2.COLOR_BGR2YCrCb)                   #转换色彩空间为 YCrCb
cv2.imshow('YCrCb',img2)                                     #显示图像
cv2.waitKey(0)
```

程序运行结果如图 4-3 所示，其中，左图为 BGR 色彩空间图像，右图为 YCrCb 色彩空间图像。

图 4-3　BGR 和 YCrCb 色彩空间图像对比

4.1.4 HSV 色彩空间

4.1.4 HSV 色彩空间

HSV 色彩空间使用色调（Hue，也称色相）、饱和度（Saturation）和亮度（Value）表示图像。

色调 H 表示颜色，用角度表示，取值范围为[0°,360°]，从红色开始按逆时针方向计算。例如，红色为 0°、黄色为 60°、绿色为 120°、青色为 180°、蓝色为 240°、紫色为 300° 等。

饱和度 S 表示颜色接近光谱色的程度，或者表示光谱色中混入白光的比例。光谱色中白光的比例越低，饱和度越高，颜色越深、艳。光谱色中白光比例为 0 时，饱和度达到最高。饱和度的取值范围为[0,1]。

亮度 V 表示颜色明亮的程度，是人眼可感受到的明暗程度，其取值范围为[0,1]。

从 RGB 色彩空间转换为 HSV 色彩空间的计算公式如下。

$$V=\max(R,G,B)$$

$$S=\begin{cases}\dfrac{V-\min(R,G,B)}{V}, & V\neq 0\\ 0, & V=0\end{cases}$$

$$H=\begin{cases}\dfrac{60(G-B)}{V-\min(R,G,B)}, & V=R\\ 120+\dfrac{60(B-R)}{V-\min(R,G,B)}, & V=G\\ 240+\dfrac{60(R-G)}{V-\min(R,G,B)}, & V=B\end{cases}$$

计算结果中如果 $H<0$，则令 $H=H+360$。

在 cv2.cvtColor()函数中使用 cv2.COLOR_BGR2HSV 转换码可将图像从 BGR 色彩空间转换为 HSV 色彩空间，示例代码如下。

```
#test4-4.py：将 BGR 色彩空间转换为 HSV 色彩空间
import cv2
img=cv2.imread('bee.jpg')                        #读取图像
cv2.imshow('BGR',img)                            #显示图像
img2=cv2.cvtColor(img,cv2.COLOR_BGR2HSV)         #转换色彩空间为 HSV
cv2.imshow('HSV',img2)                           #显示图像
cv2.waitKey(0)
```

程序运行结果如图 4-4 所示，其中，左图为 BGR 色彩空间图像，右图为 HSV 色彩空间图像。

图 4-4　BGR 和 HSV 色彩空间图像对比

4.2 几何变换

几何变换是指对图像执行放大、缩小、旋转等各种操作。

4.2.1 缩放

4.2.1 缩放

OpenCV 的 cv2.resize()函数用于缩放图像，其基本格式如下。

```
dst=cv2.resize(src,dsize[,dst[,fx[,fy[,interpolation]]]])
```

参数说明如下。

- dst 表示转换后的图像。
- src 表示用于缩放的原图像。
- dsize 表示转换后的图像大小。
- fx 表示水平方向的缩放比例。
- fy 表示垂直方向的缩放比例。
- interpolation 表示插值方式。在转换过程中，可能存在一些不能通过转换算法确定值的像素，插值方式决定了如何获得这些像素的值。可用的插值方式如下。
  - cv2.INTER_NEAREST：最近邻插值。
  - cv2.INTER_LINEAR：双线性插值，默认方式。
  - cv2.INTER_CUBIC：3 次样条插值。
  - cv2.INTER_AREA：区域插值。
  - cv2.INTER_LANCZOS4：Lanczos 插值。
  - cv2.INTER_LINEAR_EXACT：位精确双线性插值。
  - cv2.INTER_MAX：插值编码掩码。
  - cv2.WARP_FILL_OUTLIERS：标志，填充目标图像中的所有像素。
  - cv2.WARP_INVERSE_MAP：标志，逆变换。

cv2.resize()函数在转换图像时，目标图像的类型和大小与转换之前 dst 表示的图像无关。目标图像的类型与 src 表示的原图像一致，其大小可通过参数 dsize、fx 和 fy 来确定。

当 dsize 参数不为 None 时，不管是否设置参数 fx 和 fy，都由 dsize 来确定目标图像的大小。dsize 是一个二元组，其格式为“(width,height)”，width 表示目标图像的宽度，height 表示目标图像的高度。

当 dsize 参数为 None 时，参数 fx 和 fy 不能设置为 0。此时，目标图像的宽度为“round(原图像的宽度 × fx)”，目标图像的高度为“round(原图像的高度 × fy)”。

示例代码如下。

```
#test4-5.py: 缩放图像
import cv2
img=cv2.imread('bee.jpg')            #读取图像
sc=[1,0.2,0.5,1.5,2]                 #设置缩放比例
cv2.imshow('showimg',img)            #显示图像
while True:
```

```
    key=cv2.waitKey()
    if 48<=key<=52:                               #按键【0】【1】【2】【3】或【4】
        x=y=sc[key-48]                            #获得缩放比例
        img2=cv2.resize(img,None,fx=x,fy=y)       #缩放图像
        cv2.imshow('showimg',img2)                #显示图像
```

程序运行时，按【0】键图像恢复原始大小，按【1】键图像缩小为原图的 20%，按【2】键图像缩小为原图的 50%，按【3】键图像放大为原图的 1.5 倍，按【4】键图像放大为原图的 2 倍。图 4-5 所示的左图为原始图像，右图为缩小 50%的图像。

图 4-5　原图和缩小 50%的图像

4.2.2　翻转

OpenCV 的 cv2.flip()函数用于翻转图像，其基本格式如下。

```
dst=cv2.flip(src,flipCode)
```

参数说明如下。

- dst 表示转换后的图像。
- src 表示原图像。
- flipCode 表示翻转类型。flip 为 0 时绕 x 轴翻转（垂直翻转），flip 为大于 0 的整数时绕 y 轴翻转（水平翻转），flip 为小于 0 的整数时同时绕 x 轴和 y 轴翻转（水平和垂直翻转）。

示例代码如下。

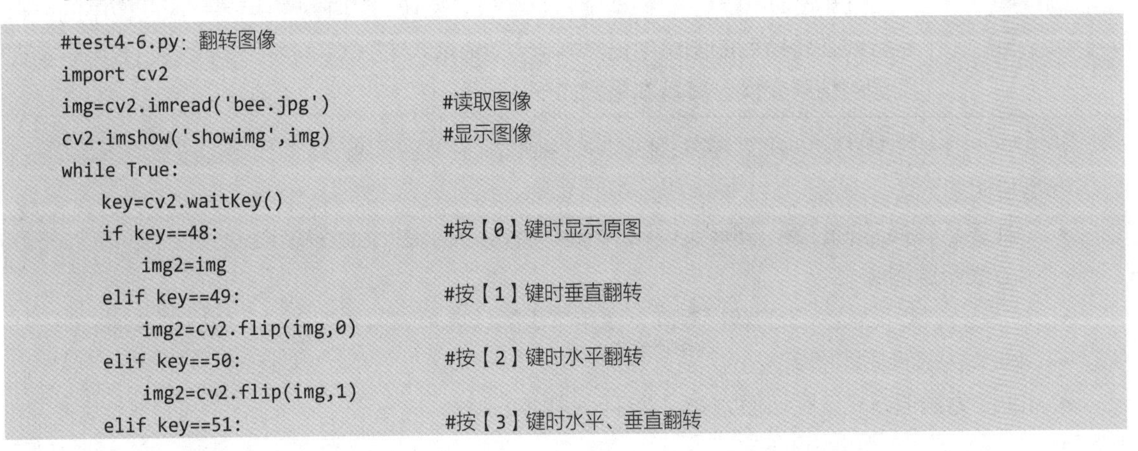

```
#test4-6.py：翻转图像
import cv2
img=cv2.imread('bee.jpg')               #读取图像
cv2.imshow('showimg',img)               #显示图像
while True:
    key=cv2.waitKey()
    if key==48:                         #按【0】键时显示原图
        img2=img
    elif key==49:                       #按【1】键时垂直翻转
        img2=cv2.flip(img,0)
    elif key==50:                       #按【2】键时水平翻转
        img2=cv2.flip(img,1)
    elif key==51:                       #按【3】键时水平、垂直翻转
```

```
        img2=cv2.flip(img,-1)
    cv2.imshow('showimg',img2)
```

程序运行时，按【0】键图像恢复原始大小，如图 4-6（a）所示；按【1】键图像垂直翻转，如图 4-6（b）所示；按【2】键图像水平翻转，如图 4-6（c）所示；按【3】键图像水平、垂直翻转，如图 4-6（d）所示。

（a）原图　（b）垂直翻转

（c）水平翻转　（d）水平、垂直翻转

图 4-6　图像翻转

4.2.3　仿射

4.2.3　仿射

仿射变换包含了平移、旋转、缩放等操作，其主要特点是：原图像中的所有平行线在转换后的图像中仍然平行。OpenCV 的 cv2.warpAffine()函数用于实现图像的仿射变换，其基本格式如下。

```
dst=cv2.warpAffine(src,M,dsize[,dst[,flags[,borderMode[,borderValue]]]])
```

参数说明如下。

- dst 表示转换后的图像，图像类型和原图像一致，大小由 dsize 决定。
- src 表示原图像。
- M 是一个大小为 2×3 的转换矩阵，使用不同的转换矩阵可实现平移、旋转等多种操作。
- dsize 为转换后的图像大小。
- flags 为插值方式，默认值为 cv2.INTER_LINEAR。

- borderMode 为边类型，默认值为 cv2.BORDER_CONSTANT。
- borderValue 为边界值，默认为 0。

在 cv2.warpAffine()函数省略可选参数时，图像转换的矩阵运算公式如下。

```
dst(x,y)=src(M₁₁x+M₁₂y+M₁₃,M₂₁x+M₂₂y+M₂₃)
```

1. 平移

平移是指将图像沿水平或垂直方向移动一定的像素。假设将图像水平移动 m 个像素，垂直移动 n 个像素，则图像转换的矩阵运算公式如下。

```
dst(x,y)=src(x+m,y+n)
```

等价于如下公式。

```
dst(x,y)=src(1·x+0·y+m,0·x+1·y+n)
```

所以，转换矩阵 $M=\begin{bmatrix}1 & 0 & m\\ 0 & 1 & n\end{bmatrix}$。

示例代码如下。

```
#test4-7.py：将图像向右移动 100 像素，向下移动 50 像素
import cv2
import numpy as np
img=cv2.imread('bee.jpg')                          #读取图像
cv2.imshow('img',img)                              #显示图像
height=img.shape[0]                                #获得图像高度
width=img.shape[1]                                 #获得图像宽度
dsize=(width,height)
m=np.float32([[1,0,100],[0,1,50]])                 #创建转换矩阵
img2=cv2.warpAffine(img,m,dsize)                   #平移图像
cv2.imshow('imgx+100y+50',img2)                    #显示图像
cv2.waitKey(0)
```

程序运行结果如图 4-7 所示，左图为原始图像，右图为平移之后的图像。

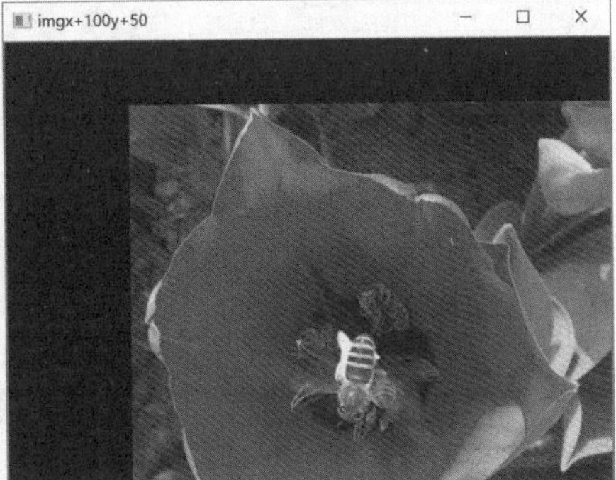

图 4-7　图像平移

2. 缩放

假设图像的宽度缩放比例为 h，高度缩放比例为 v，根据图像转换的矩阵运算公式可得出执行缩放的转换矩阵 $M=\begin{bmatrix} h & 0 & 0 \\ 0 & v & 0 \end{bmatrix}$。

示例代码如下。

```
#test4-8.py：图像缩放
import cv2
import numpy as np
img=cv2.imread('bee.jpg')                        #读取图像
cv2.imshow('img',img)                            #显示图像
height=img.shape[0]                              #获得图像高度
width=img.shape[1]                               #获得图像宽度
dsize=(width,height)
m=np.float32([[0.5,0,0],[0,0.5,0]])              #创建转换矩阵
img2=cv2.warpAffine(img,m,dsize)                 #执行缩放
cv2.imshow('img0.5x+0.5y',img2)                  #显示图像
cv2.waitKey(0)
```

程序运行结果如图 4-8 所示，左图为原始图像，右图为宽度和高度均缩小 50%后的图像。

图 4-8　图像缩放

3. 旋转

OpenCV 的 cv2.getRotationMatrix2D()函数可用于计算执行旋转操作的转换矩阵，其基本格式如下。

```
m = cv2.getRotationMatrix2D(center, angle, scale)
```

参数说明如下。

- center 表示原图像中作为旋转中心的坐标。
- angle 表示旋转角度，正数表示按逆时针方向旋转，负数表示按顺时针方向旋转。
- scale 表示目标图像与原图像的大小比例。

假设原图像宽度为 width，高度为 height，将图像中心作为旋转中心顺时针旋转 60°，并将图像缩小 50%，则用于计算转换矩阵的语句如下。

```
m = cv2.getRotationMatrix2D((width/2,height/2), -60, 0.5)
```

示例代码如下。

```
#test4-9.py: 图像旋转
import cv2
img=cv2.imread('bee.jpg')                                   #读取图像
cv2.imshow('img',img)                                       #显示图像
height=img.shape[0]                                         #获得图像高度
width=img.shape[1]                                          #获得图像宽度
dsize=(width,height)
m=cv2.getRotationMatrix2D((width/2,height/2),-60,0.5)       #创建转换矩阵
img2=cv2.warpAffine(img,m,dsize)                            #执行旋转
cv2.imshow('imgRotation',img2)                              #显示图像
cv2.waitKey(0)
```

程序运行结果如图 4-9 所示，左图为原始图像，右图为旋转后的图像。

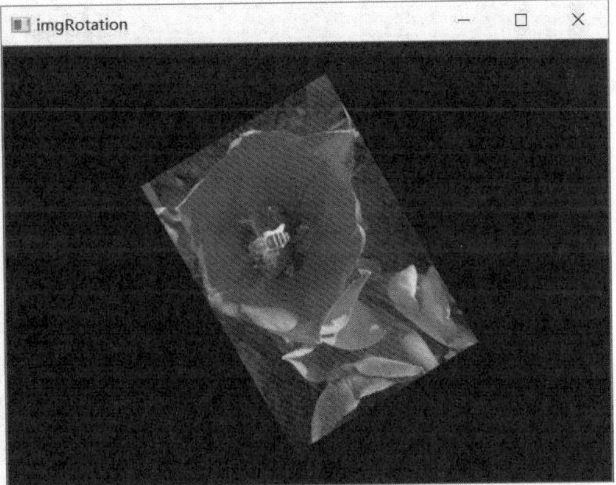

图 4-9　图像旋转

4. 三点映射变换

三点映射变换会将图像转换为任意的平行四边形，cv2.getAffineTransform()函数用于计算其转换矩阵，基本格式如下。

```
m = cv2.getAffineTransform(src, dst)
```

参数说明如下。

- src 为原图像中 3 个点的坐标。
- dst 为原图像中 3 个点在目标图像中的对应坐标。

cv2.getAffineTransform()函数将 src 和 dst 中的 3 个点作为平行四边形左上角、右上角和左下角的 3 个点，按原图和目标图像与 3 个点之间的坐标关系计算所有像素的转换矩阵。

示例代码如下。

```
#test4-10.py: 图像的三点映射变换
import cv2
import numpy as np
img=cv2.imread('bee.jpg')                                   #读取图像
cv2.imshow('img',img)                                       #显示图像
```

```
height=img.shape[0]                                     #获得图像高度
width=img.shape[1]                                      #获得图像宽度
dsize=(width,height)
src=np.float32([[0,0],[width-10,0],[0,height-1]])       #取原图像中的 3 个点
dst=np.float32([[50,50],[width-100,80],
                          [100,height-100]])            #设置 3 个点在目标图像中的坐标
m = cv2.getAffineTransform(src, dst)                    #创建转换矩阵
img2=cv2.warpAffine(img,m,dsize)                        #执行转换
cv2.imshow('imgThreePoint',img2)                        #显示图像
cv2.waitKey(0)
```

程序运行结果如图 4-10 所示，左图为原始图像，右图为转换后的图像。

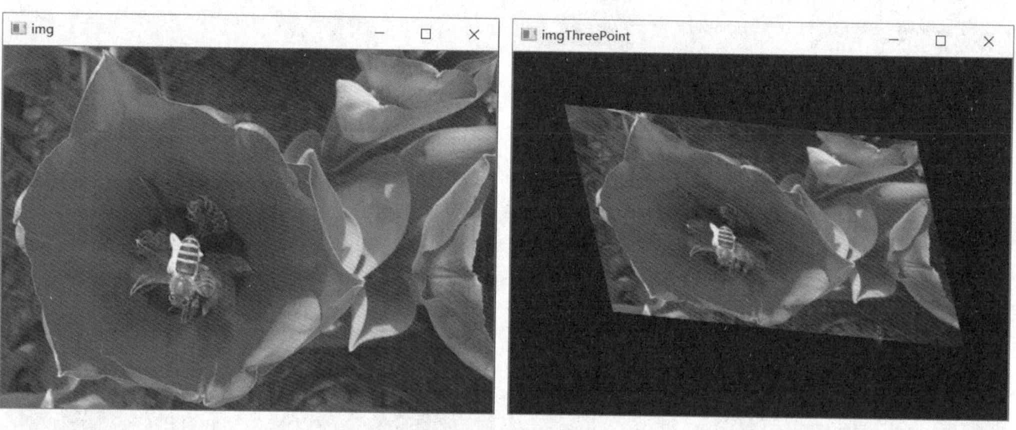

图 4-10　三点映射变换

4.2.4　透视

4.2.4　透视

透视变换会将图像转换为任意的四边形，其主要特点是：原始图像中的所有直线在转换后的图像中仍然是直线。OpenCV 的 cv2.warpPerspective()函数用于执行透视变换操作，其基本格式如下。

```
dst=cv2.warpPerspective(src,M,dsize[,flags[,borderMode[,borderValue]]])
```

其中，M 是大小为 3×3 的转换矩阵，其他参数含义与 cv2.warpAffine()函数中的一致。

OpenCV 的 cv2.getPerspectiveTransform()函数用于计算透视变换使用的转换矩阵，其基本格式如下。

```
M=cv2.getPerspectiveTransform(src,dst)
```

参数说明如下。

- src 为原图像中 4 个点的坐标。
- dst 为原图像中 4 个点在转换后的目标图像中的对应坐标。

示例代码如下。

```
#test4-11.py：图像的透视变换
import cv2
```

```
import numpy as np
img=cv2.imread('bee.jpg')                                    #读取图像
cv2.imshow('img',img)                                        #显示图像
height=img.shape[0]                                          #获得图像高度
width=img.shape[1]                                           #获得图像宽度
dsize=(width,height)
src=np.float32([[0,0],[width-10,0],
                [0,height-10],[width-1,height-1]])           #取原图像中的 4 个点
dst=np.float32([[50,50],[width-50,80],[50,height-100],
[width-100,height-10]])                                      #设置 4 个点在目标图像中的坐标
m = cv2.getPerspectiveTransform(src, dst)                    #创建转换矩阵
img2=cv2.warpPerspective(img,m,dsize)                        #执行转换
cv2.imshow('imgFourPoint',img2)                              #显示图像
cv2.waitKey(0)
```

程序运行结果如图 4-11 所示，左图为原始图像，右图为转换后的图像。

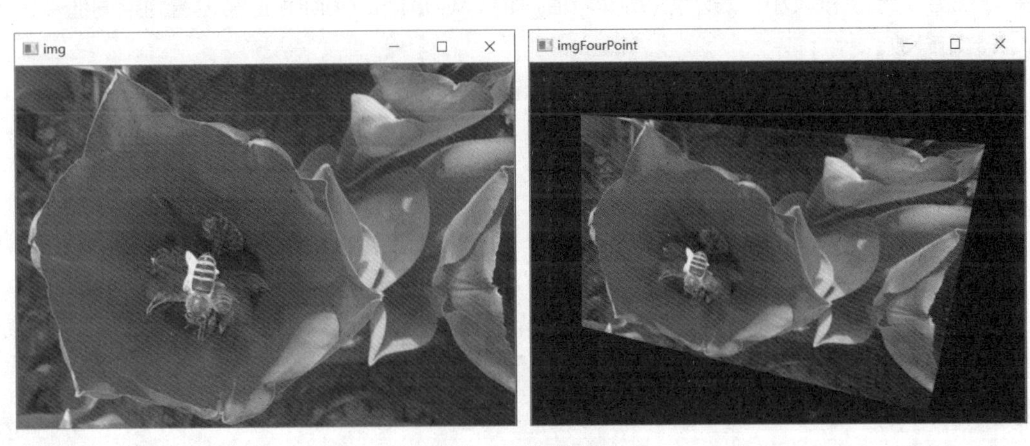

图 4-11　透视变换

4.3 图像模糊

图像模糊也称图像平滑处理，它主要处理图像中与周围差异较大的点，将其像素值调整为与周围点像素值近似的值，其目的主要是消除图像噪声和边缘。

4.3.1 均值滤波

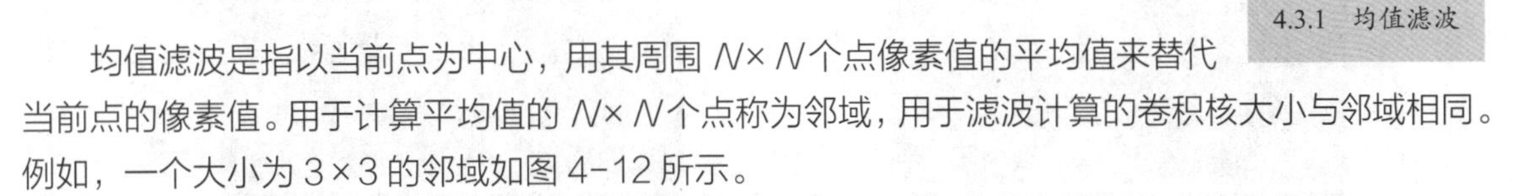

4.3.1　均值滤波

均值滤波是指以当前点为中心，用其周围 $N\times N$ 个点像素值的平均值来替代当前点的像素值。用于计算平均值的 $N\times N$ 个点称为邻域，用于滤波计算的卷积核大小与邻域相同。例如，一个大小为 3×3 的邻域如图 4-12 所示。

125	129	130
134	**253**	127
125	133	131

图 4-12　3×3 的邻域

则卷积核为 $\frac{1}{3\times3}\begin{bmatrix}111\\111\\111\end{bmatrix}$。

则中心点的均值滤波值=(125+129+130+134+253+127+125+133+131)÷9=143，143 比 253 更接近周围的值。

OpenCV 的 cv2.blur()函数用于实现均值滤波，其基本格式如下。

```
dst=cv2.blur(src,ksize [,anchor [,borderType]])
```

参数说明如下。

- dst 为滤波结果图像。
- src 为原图像。
- ksize 为卷积核大小，表示为(width,height)，width 和 height 通常设置为相同值，且为正数和奇数。
- anchor 为锚点，默认值为(-1,-1)，表示锚点位于卷积核中心。
- borderType 为边界值处理方式。

示例代码如下。

```
#test4-12.py：均值滤波
import cv2
img=cv2.imread('lena2.jpg')
cv2.imshow('img',img)
img2=cv2.blur(img,(20,20))          #可调整卷积核大小以查看不同效果
cv2.imshow('imgBlur',img2)
cv2.waitKey(0)
```

程序运行结果如图 4-13 所示，图中依次显示了原图和使用不同大小的卷积核执行均值滤波操作后的效果图。

（a）原图

（b）卷积核大小为 5×5

图 4-13　均值滤波

（c）卷积核大小为 11×11

（d）卷积核大小为 21×21

图 4-13　均值滤波（续）

4.3.2　高斯滤波

4.3.2　高斯滤波

高斯滤波与均值滤波略有不同，它按像素点与中心点的不同距离，赋予像素点不同的权重值，越靠近中心点权重值越大，越远离中心点权重值越小；然后根据权重值计算邻域内所有像素点的和，将和作为中心点的像素值。

OpenCV 的 cv2.GaussianBlur()函数用于实现高斯滤波，其基本格式如下。

```
dst=cv2.GaussianBlur(src,ksize,sigmaX [,sigmaY [,borderType]])
```

参数说明如下。

- sigmaX 为水平方向上的权重值。
- sigmaY 为垂直方向上的权重值。

其他参数含义和 cv2.blur()函数中的一致。如果 sigmaY 为 0，则令其等于 sigmaX；如果 sigmaX 和 sigmaY 均为 0，则按下面的公式计算其值，其中 ksize 为(width,height)。

```
sigmaX=0.3×((width-1)×0.5-1)+0.8
sigmaY=0.3×((height-1)×0.5-1)+0.8
```

示例代码如下。

```
#test4-13.py：高斯滤波
import cv2
img=cv2.imread('lena2.jpg')
cv2.imshow('img',img)
img2=cv2.GaussianBlur(img,(5,5),0,0)          #可调整卷积核大小以查看不同效果
cv2.imshow('imgBlur',img2)
cv2.waitKey(0)
```

程序运行结果如图 4-14 所示，图中依次显示了原图和使用不同大小的卷积核执行高斯滤波操作后的效果图。

（a）原图

（b）卷积核大小为 5×5

（c）卷积核大小为 11×11

（d）卷积核大小为 21×21

图 4-14　高斯滤波

4.3.3　方框滤波

4.3.3　方框滤波

方框滤波以均值滤波为基础，可选择是否对滤波结果进行归一化。如果选择进行归一化，则滤波结果为邻域内点的像素值之和的平均值，否则滤波结果为像素值之和。

OpenCV 的 cv2.boxFilter()函数用于实现方框滤波，其基本格式如下。

```
dst=cv2.boxFilter(src,ddepth,ksize[,anchor[,normalize[,borderType]]])
```

参数说明如下。

- ddepth 为目标图像的深度，一般使用-1 表示与原图像的深度一致。
- normalize 为 True（默认值）时执行归一化操作，为 False 时不执行归一化操作。

其他参数含义和 cv2.blur()函数中的一致。

示例代码如下。

```
#test4-14.py：方框滤波
import cv2
img=cv2.imread('lena2.jpg')
```

```
cv2.imshow('img',img)
img2=cv2.boxFilter(img,-1,(3,3),normalize=False)     #可调整卷积核大小以查看不同效果
cv2.imshow('imgBlur',img2)
cv2.waitKey(0)
```

程序运行结果如图 4-15 所示，图中依次显示了使用不同大小的卷积核执行归一化和未归一化的滤波效果。未归一化时，滤波结果得到的像素值可能会超过允许的最大值，从而被截断为最大值，这时会得到一幅白色图像。

（a）卷积核大小为 3×3，归一化

（b）卷积核大小为 3×3，未归一化

（c）卷积核大小为 11×11，归一化

（d）卷积核大小为 11×11，未归一化

图 4-15　方框滤波

4.3.4　中值滤波

4.3.4　中值滤波

中值滤波将邻域内的所有像素值排序，取中间值作为邻域中心点的像素值。OpenCV 的 cv2.medianBlur()函数用于实现中值滤波，其基本格式如下。

```
dst=cv2.medianBlur(src,ksize)
```

其中，ksize 表示卷积核大小，必须是大于 1 的奇数。

示例代码如下。

```
#test4-15.py：中值滤波
import cv2
```

```
img=cv2.imread('lena2.jpg')
cv2.imshow('img',img)
img2=cv2.medianBlur(img,21)        #可调整卷积核大小以查看不同效果
cv2.imshow('imgBlur',img2)
cv2.waitKey(0)
```

程序运行结果如图 4-16 所示，图中依次显示了原图和使用不同大小的卷积核执行中值滤波操作后的效果图。

（a）原图

（b）卷积核大小为 5×5

（c）卷积核大小为 11×11

（d）卷积核大小为 21×21

图 4-16　中值滤波

4.3.5　双边滤波

4.3.5　双边滤波

双边滤波在计算像素值的同时会考虑距离和色差信息，从而可在消除噪声的同时保护边缘信息。在执行双边滤波操作时，如果像素点与当前点色差较小，则赋予其较大的权重值，否则赋予其较小的权重值。

OpenCV 的 cv2.bilateralFilter()函数用于实现双边滤波，其基本格式如下。

```
dst=cv2.bilateralFilter(src,d,sigmaColor,sigmaSpace[,borderType])
```

参数说明如下。

- d 表示以当前点为中心的邻域的直径，一般为 5。
- sigmaColor 为双边滤波选择的色差范围。
- sigmaSpace 为空间坐标中的 sigma 值，值越大表示越多的像素点参与滤波计算。当 d>0 时，忽略 sigmaSpace，由 d 决定邻域大小；否则 d 由 sigmaSpace 计算得出，与 sigma Space 成比例。

示例代码如下。

```
#test4-16.py：双边滤波
import numpy as np
import cv2
img=cv2.imread('lena2.jpg')
cv2.imshow('img',img)
img2=cv2.bilateralFilter(img,20,100,100)      #可调整参数以查看不同效果
cv2.imshow('imgBlur',img2)
cv2.waitKey(0)
```

程序运行结果如图 4-17 所示，图中依次显示了原图和执行双边滤波后的效果图。

图 4-17　双边滤波

4.3.6　2D 卷积

均值滤波、高斯滤波、方框滤波、中值滤波和双边滤波等可以通过参数来确定卷积核，2D 卷积可使用自定义的卷积核来执行滤波操作。

OpenCV 的 cv2.filter2D()函数用于实现 2D 卷积，其基本格式如下。

```
dst=cv2.filter2D(src,ddepth,kernel[,anchor[,delta[,borderType]]])
```

参数说明如下。

- ddepth 表示目标图像 dst 的深度，一般使用-1 表示与原图像 src 一致。
- kernel 为单通道卷积核（一维数组）。
- anchor 为图像处理的锚点。
- delta 为修正值，未省略时，将加上该值作为最终的滤波结果。
- borderType 为边界值处理方式。

示例代码如下。

```
#test4-17.py: 2D 卷积
import numpy as np
import cv2
img=cv2.imread('lena2.jpg')
k1=np.array([[3,3,3,3,3],[3,9,9,9,3],[3,11,12,13,3],[3,8,8,8,3],
            [3,3,3,3,3],])/25        #自定义卷积核 1
k2=np.ones((5,5),np.float32)/25      #自定义卷积核 2
img2=cv2.filter2D(img,-1,k1)
cv2.imshow('imgK1',img2)
img2=cv2.filter2D(img,-1,k2)
cv2.imshow('imgK2',img2)
cv2.waitKey(0)
```

程序运行结果如图 4-18 所示，左图为使用自定义卷积核 1 的效果图，右图为使用自定义卷积核 2 的效果图（与卷积核大小为 5×5 时的均值滤波效果相同）。

图 4-18　2D 卷积

4.4 阈值处理

4.4.1　全局阈值处理

阈值处理用于剔除图像中像素值高于或低于指定值的像素点。

4.4.1　全局阈值处理

全局阈值处理是指将大于阈值的像素值设置为 255，将其他像素值设置为 0；或者将大于阈值的像素值设置为 0，将其他像素值设置为 255。

OpenCV 的 cv2.threshold()函数用于实现全局阈值处理，其基本格式如下。

```
retval, dst=cv2.threshold(src, thresh, maxval, type)
```

参数说明如下。

- retval 为返回的阈值。
- dst 为全局阈值处理后的结果图像。
- src 为原图像。

- thresh 为设置的阈值。
- maxval 是阈值类型为 THRESH_BINARY 和 THRESH_BINARY_INV 时使用的最大值。
- type 为阈值类型。

1. 二值化阈值处理

cv2.threshold()函数的 type 参数值为 cv2.THRESH_BINARY 时执行二值化阈值处理，将大于阈值的像素值设置为 255，将其他像素值设置为 0。

假设图像像素如图 4-19 所示，将阈值设置为 150，二值化阈值处理结果如图 4-20 所示。

123	230	187
176	150	200
230	180	135

图 4-19 图像像素（1）

0	255	255
255	0	255
255	255	0

图 4-20 二值化阈值处理结果

示例代码如下。

```
#test4-18.py：二值化阈值处理
import cv2
img=cv2.imread('bee.jpg')
cv2.imshow('img',img)
ret,img2=cv2.threshold(img,150,255,cv2.THRESH_BINARY)   #二值化阈值处理
cv2.imshow('imgTHRESH_BINARY',img2)
cv2.waitKey(0)
```

程序运行结果如图 4-21 所示，其中左图为原图，右图为二值化阈值处理后的效果图。

图 4-21 二值化阈值处理

2. 反二值化阈值处理

cv2.threshold()函数的 type 参数值为 cv2.THRESH_BINARY_INV 时执行反二值化阈值处理，将大于阈值的像素值设置为 0，将其他像素值设置为 255。

假设图像像素如图 4-22 所示，将阈值设置为 150，反二值化阈值处理结果如图 4-23 所示。

123	230	187
176	150	200
230	180	135

图 4-22 图像像素（2）

255	0	0
0	255	0
0	0	255

图 4-23 反二值化阈值处理结果

示例代码如下。

```
#test4-19.py：反二值化阈值处理
import cv2
img=cv2.imread('bee.jpg')
cv2.imshow('img',img)
ret,img2=cv2.threshold(img,150,255,cv2.THRESH_BINARY_INV)        #反二值化阈值处理
cv2.imshow('imgTHRESH_BINARY_INV',img2)
cv2.waitKey(0)
```

程序运行结果如图 4-24 所示，其中左图为原图，右图为反二值化阈值处理后的效果图。

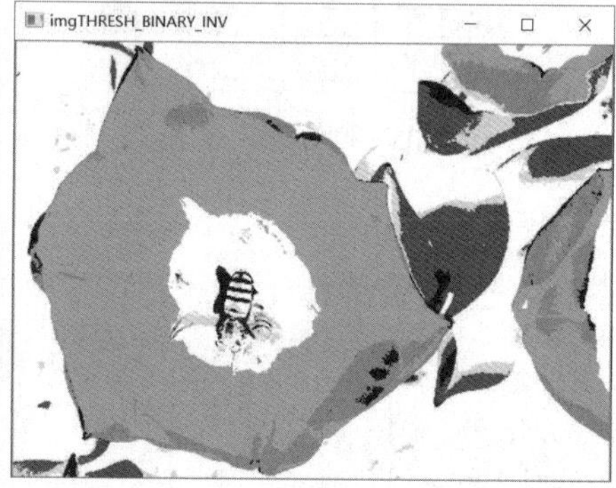

图 4-24　反二值化阈值处理

3. 截断阈值处理

cv2.threshold()函数的 type 参数值为 cv2.THRESH_TRUNC 时执行截断阈值处理，将大于阈值的像素值设置为阈值，其他像素值保持不变。

假设图像像素如图 4-25 所示，将阈值设置为 150，截断阈值处理结果如图 4-26 所示。

123	230	187
176	150	200
230	180	135

图 4-25　图像像素（3）

123	150	150
150	150	150
150	150	135

图 4-26　截断阈值处理结果

示例代码如下。

```
#test4-20.py：截断阈值处理
import cv2
img=cv2.imread('bee.jpg')
cv2.imshow('img',img)
ret,img2=cv2.threshold(img,150,255,cv2.THRESH_TRUNC)    #截断阈值处理
cv2.imshow('imgTHRESH_TRUNC',img2)
cv2.waitKey(0)
```

程序运行结果如图 4-27 所示，其中左图为原图，右图为截断阈值处理后的效果图。

图 4-27　截断阈值处理

4. 超阈值零处理

cv2.threshold()函数的 type 参数值为 cv2.THRESH_TOZERO_INV 时执行超阈值零处理，将大于阈值的像素值设置为 0，其他像素值保持不变。

假设图像像素如图 4-28 所示，将阈值设置为 150，超阈值零处理结果如图 4-29 所示。

123	230	187
176	150	200
230	180	135

图 4-28　图像像素（4）

123	0	0
0	150	0
0	0	135

图 4-29　超阈值零处理结果

示例代码如下。

```
#test4-21.py: 超阈值零处理
import cv2
img=cv2.imread('bee.jpg')
cv2.imshow('img',img)
ret,img2=cv2.threshold(img,150,255,cv2.THRESH_TOZERO_INV)          #超阈值零处理
cv2.imshow('imgTHRESH_TOZERO_INV',img2)
cv2.waitKey(0)
```

程序运行结果如图 4-30 所示，其中左图为原图，右图为超阈值零处理后的效果图。

图 4-30　超阈值零处理

5. 低阈值零处理

cv2.threshold()函数的 type 参数值为 cv2.THRESH_TOZERO 时执行低阈值零处理，将小于阈值的像素值设置为 0，其他像素值保持不变。

假设图像像素如图 4-31 所示，将阈值设置为 150，低阈值零处理结果如图 4-32 所示。

123	230	187
176	150	200
230	180	135

图 4-31　图像像素（5）

0	230	187
176	150	200
230	180	0

图 4-32　低阈值零处理结果

示例代码如下。

```
#test4-22.py：低阈值零处理
import cv2
img=cv2.imread('bee.jpg')
cv2.imshow('img',img)
ret,img2=cv2.threshold(img,150,255,cv2.THRESH_TOZERO)          #低阈值零处理
cv2.imshow('imgTHRESH_TOZERO',img2)
cv2.waitKey(0)
```

程序运行结果如图 4-33 所示，其中左图为原图，右图为低阈值零处理后的效果图。

图 4-33　低阈值零处理

6. Otsu 算法阈值处理

对于色彩不均衡的图像，Otsu 算法阈值处理方式更好，它会遍历当前图像的所有阈值，再选择最佳阈值。

cv2.threshold()函数通过在阈值类型参数后加上 cv2.THRESH_OTSU 来实现 Otsu 算法阈值处理，示例代码如下。

```
#test4-23.py：Otsu 算法阈值处理
import cv2
img=cv2.imread('bee.jpg',cv2.IMREAD_GRAYSCALE)             #读取图像，将其转换为单通道灰度图像
cv2.imshow('img',img)                                       #显示原图
ret,img2=cv2.threshold(img,127,255,cv2.THRESH_BINARY)       #阈值处理
cv2.imshow('img2',img2)
ret,img3=cv2.threshold(img,127,255,cv2.THRESH_BINARY+cv2.THRESH_OTSU)
cv2.imshow('img3',img3)
```

```
ret,img4=cv2.threshold(img,127,255,cv2.THRESH_BINARY_INV+cv2.THRESH_OTSU)
cv2.imshow('img4',img4)
cv2.waitKey(0)
```

程序运行结果如图 4-34 所示。

（a）原图（单通道灰度图像）

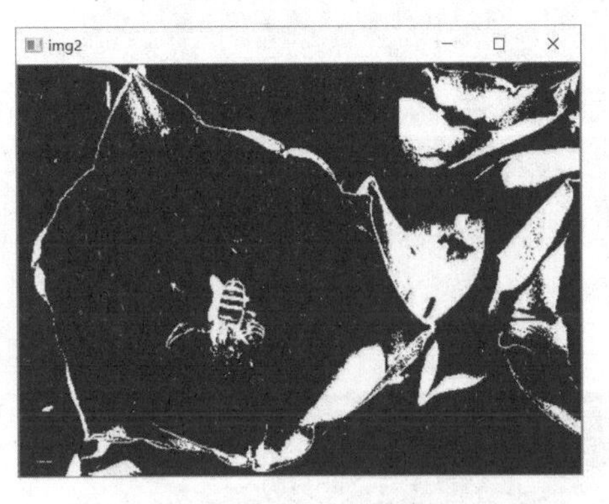

（b）二值化阈值处理

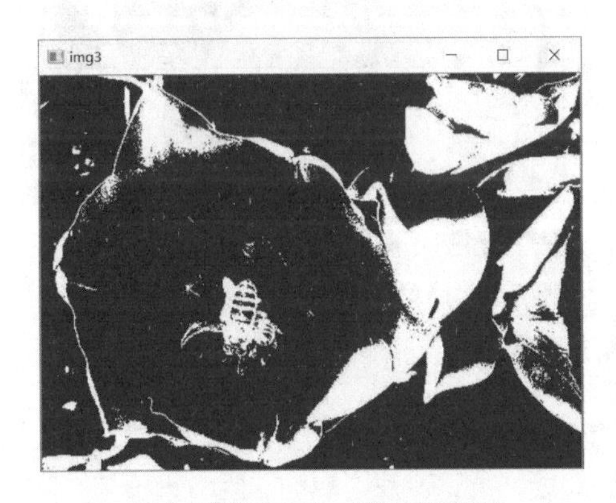

（c）二值化加 Otsu 算法阈值处理

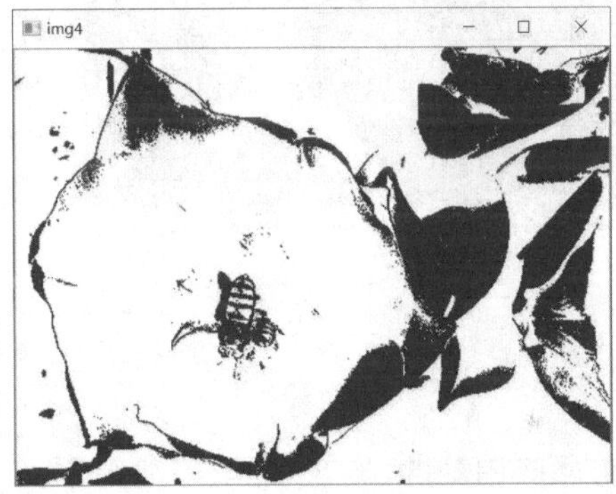

（d）反二值化加 Otsu 算法阈值处理

图 4-34　Otsu 算法阈值处理

7. 三角算法阈值处理

cv2.threshold()函数通过在阈值类型参数后加上 cv2.THRESH_TRIANGLE 来实现三角算法阈值处理，示例代码如下。

```
#test4-24.py：三角算法阈值处理
import cv2
img=cv2.imread('bee.jpg',cv2.IMREAD_GRAYSCALE)          #读取图像，将其转换为单通道灰度图像
cv2.imshow('img',img)                                   #显示原图
ret,img2=cv2.threshold(img,127,255,cv2.THRESH_BINARY)   #阈值处理
cv2.imshow('img2',img2)
ret,img3=cv2.threshold(img,127,255,cv2.THRESH_BINARY+cv2.THRESH_TRIANGLE)
cv2.imshow('img3',img3)
ret,img4=cv2.threshold(img,127,255,cv2.THRESH_BINARY_INV+cv2.THRESH_TRIANGLE)
cv2.imshow('img4',img4)
cv2.waitKey(0)
```

程序运行结果如图 4-35 所示。

（a）原图（单通道灰度图像）

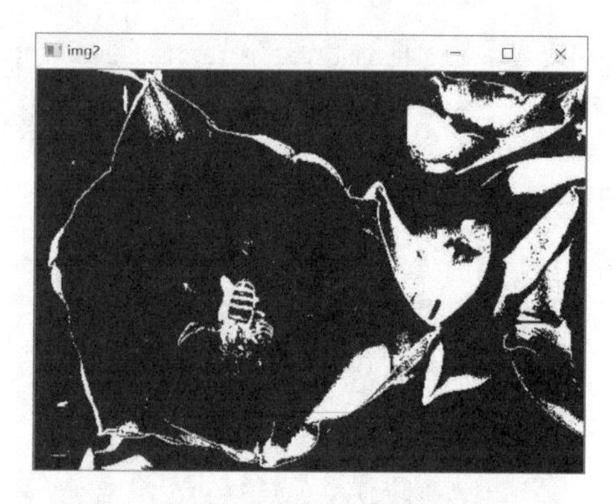

（b）二值化阈值处理

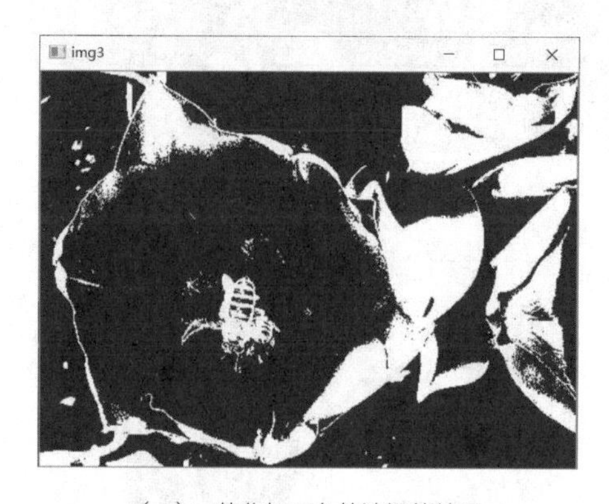

（c）二值化加三角算法阈值处理

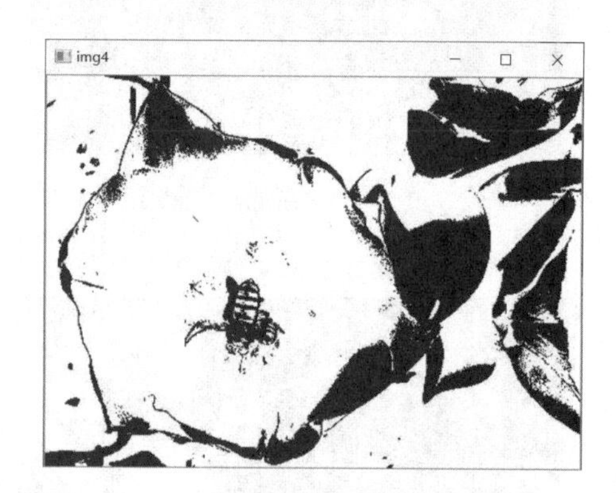

（d）反二值化加三角算法阈值处理

图 4-35　三角算法阈值处理

4.4.2　自适应阈值处理

4.4.2　自适应阈值处理

自适应阈值处理也称局部阈值处理，它通过计算每个像素点邻域的加权平均值来确定阈值，并用该阈值处理当前像素点。全局阈值处理适用于色彩均衡的图像，自适应阈值处理则适用于明暗差异较大的图像。

OpenCV 的 cv2.adaptiveThreshold()函数用于实现自适应阈值处理，其基本格式如下。

```
dst=cv2.adaptiveThreshold(src,maxValue,adaptiveMethod, thresholdType,blockSize,C)
```

参数说明如下。

- dst 为阈值处理的结果图像。
- src 为原图像。
- maxValue 为最大值。
- adaptiveMethod 为自适应方法，其值为 cv2.ADAPTIVE_THRESH_MEAN_C（邻域中所有像素点的权重值相同）或者 cv2.ADAPTIVE_THRESH_GAUSSIAN_C（邻域中像素点的权重值与其到中心点的距离有关，通过高斯方程可计算各个点的权重值）。
- thresholdType 为阈值处理方式，其值为 cv2.THRESH_BINARY（二值化阈值处理）或

者 cv2.THRESH_BINARY_INV（反二值化阈值处理）。

- blockSize 为计算局部阈值的邻域的大小。
- C 为常量，自适应阈值为 blockSize 指定邻域的加权平均值减去 C。

示例代码如下。

```
#test4-25.py：自适应阈值处理
import cv2
img=cv2.imread('bee.jpg',cv2.IMREAD_GRAYSCALE)          #读取图像，将其转换为单通道灰度图像
cv2.imshow('img',img)
img2=cv2.adaptiveThreshold(img,255,cv2.ADAPTIVE_THRESH_MEAN_C, cv2.THRESH_BINARY,5,10) #阈值处理
cv2.imshow('img2',img2)
cv2.waitKey(0)
```

程序运行结果如图 4-36 所示，其中左图是原图，右图是自适应方法设置为 cv2.ADAPTIVE_THRESH_MEAN_C、阈值处理方式为 cv2.THRESH_BINARY 的自适应阈值处理效果图。

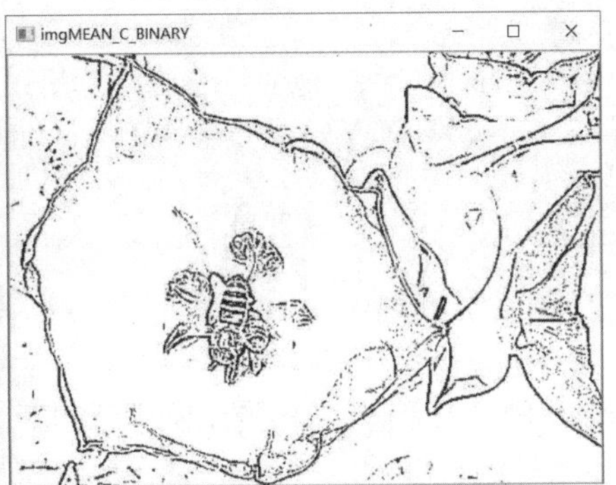

图 4-36　自适应阈值处理

4.5 形态变换

形态变换主要用于二值图像的形状操作，形态变换的实现原理基于数字形态学。数字形态学也称形态学，它主要从图像内部提取信息来描述图像形态。例如，通过形态运算获取手写文字的骨架信息。数字形态学广泛应用于视觉检测、文字识别、医学图像处理、图像压缩编码等领域。形态变换主要包括腐蚀、膨胀和高级形态操作。

4.5.1 形态操作内核

4.5.1　形态操作内核

形态操作会使用一个内核（也称结构元）遍历图像，根据内核和图像的位置关系决定内核中心对应的图像像素点的输出结果。内核可以是自定义的矩阵（NumPy 数组），也可以是 cv2.getStructuringElement()函数返回的矩阵。

cv2.getStructuringElement()函数的基本格式如下。

```
retval=cv2.getStructuringElement(shape,ksize)
```

参数说明如下。

- shape 为内核的形状，可使用的常量包括 cv2.MORPH_RECT（矩形）、cv2.MORPH_CROSS（十字形）和 cv2.MORPH_ELLIPSE（椭圆形）。
- ksize 为内核的大小。

示例代码如下。

```
>>> import cv2
>>> cv2.getStructuringElement(cv2.MORPH_RECT,(5,5))          #返回矩形内核
array([[1, 1, 1, 1, 1],
       [1, 1, 1, 1, 1],
       [1, 1, 1, 1, 1],
       [1, 1, 1, 1, 1],
       [1, 1, 1, 1, 1]], dtype=uint8)
>>> cv2.getStructuringElement(cv2.MORPH_CROSS,(5,5))         #返回十字形内核
array([[0, 0, 1, 0, 0],
       [0, 0, 1, 0, 0],
       [1, 1, 1, 1, 1],
       [0, 0, 1, 0, 0],
       [0, 0, 1, 0, 0]], dtype=uint8)
>>> cv2.getStructuringElement(cv2.MORPH_ELLIPSE,(5,5))       #返回椭圆形内核
array([[0, 0, 1, 0, 0],
       [1, 1, 1, 1, 1],
       [1, 1, 1, 1, 1],
       [1, 1, 1, 1, 1],
       [0, 0, 1, 0, 0]], dtype=uint8)
```

使用 NumPy 数组定义内核的示例代码如下。

```
>>> import numpy as np
>>> kernel = np.ones((5,5),np.uint8)                          #自定义矩形内核
>>> kernel
array([[1, 1, 1, 1, 1],
       [1, 1, 1, 1, 1],
       [1, 1, 1, 1, 1],
       [1, 1, 1, 1, 1],
       [1, 1, 1, 1, 1]], dtype=uint8)
>>> kernel=np.array([[0,0,1,0,0], [0,0,1,0,0],[1,1,1,1,1],
                [0,0,1,0,0],[0,0,1,0,0]],dtype=np.uint8)      #自定义十字形内核
>>> kernel=np.array([[0,0,1,0,0], [1,1,1,1,1],[1,1,1,1,1],
                [1,1,1,1,1],[0,0,1,0,0]],dtype=np.uint8)      #自定义椭圆形内核
```

4.5.2 腐蚀

4.5.2 腐蚀

腐蚀操作遍历图像时，会根据内核和图像的位置决定内核中心对应的图像像素点的输出结果。在图 4-37 所示的示意图中，0 表示背景，1 表示前景，灰色方块表示大小为 3×3 的矩形内核。执行腐蚀操作时，依次将内核中心对准每一个单元格，根据内核和前景的未知关系决定当前单元格的值。

- 当内核部分或全部处于前景之外时，内核中心对应单元格的值设置为 0，如图 4-37（a）所示。

- 只有在内核完全处于前景内部时，内核中心对应单元格的值才设置为 1，如图 4-37（b）所示。

0	0	0	0	0	0	0
0	1	1	1	1	1	0
0	1	1	1	1	1	0
0	1	1	1	1	1	0
0	1	1	1	1	1	0
0	1	1	1	1	1	0
0	1	1	1	1	1	0
0	1	1	1	1	1	0
0	0	0	0	0	0	0

（a）内核部分在前景外

0	0	0	0	0	0	0
0	1	1	1	1	1	0
0	1	1	1	1	1	0
0	1	1	1	1	1	0
0	1	1	1	1	1	0
0	1	1	1	1	1	0
0	1	1	1	1	1	0
0	1	1	1	1	1	0
0	0	0	0	0	0	0

（b）内核全部在前景内

0	0	0	0	0	0	0
0	0	0	0	0	0	0
0	0	1	1	1	0	0
0	0	1	1	1	0	0
0	0	1	1	1	0	0
0	0	1	1	1	0	0
0	0	1	1	1	0	0
0	0	0	0	0	0	0
0	0	0	0	0	0	0

（c）腐蚀结果

图 4-37　腐蚀原理

通过腐蚀操作，图像的边界被侵蚀，白色区域缩小，腐蚀结果如图 4-37（c）所示。

OpenCV 的 cv2.erode()函数用于实现腐蚀操作，其基本格式如下。

```
dst=cv2.erode(src,kernel[,anchor[,iterations[,borderType[,borderValue]]]])
```

参数说明如下。

- dst 为转换后的结果图像。
- src 为原图像。
- kernel 为内核。
- anchor 为锚点，默认值为(-1, -1)，表示锚点为内核中心。
- iterations 为腐蚀操作的迭代次数。
- borderType 为边界类型，默认为 BORDER_CONSTANT。
- borderValue 为边界值，一般由 OpenCV 自动确定。

示例代码如下。

```
#test4-26.py：腐蚀
import cv2
import numpy as np
img=cv2.imread('zh2.jpg')                    #读取图像
cv2.imshow('img',img)                        #显示原图像
kernel = np.ones((5,5),np.uint8)             #定义大小为 5×5 的内核
img2 = cv2.erode(img,kernel,iterations=1)    #腐蚀，迭代 1 次
cv2.imshow('img2',img2)                      #显示转换结果图像
cv2.waitKey(0)
```

程序运行结果如图 4-38 所示，其中左图是原图，右图是腐蚀后的效果图。

图 4-38　腐蚀操作

4.5.3　膨胀

膨胀操作与腐蚀操作刚好相反，它对图像的边界进行扩张。其执行遍历操作时，只有在内核完全处于前景外部时，内核中心对应像素点的值才设置为 0，否则设置为 1。

在图 4-39 所示的示意图中，0 表示背景，1 表示前景，灰色方块表示大小为 3×3 的矩形内核。执行膨胀操作时，依次将内核中心对准每一个单元格，根据内核和前景的未知关系决定当前单元格的值。

- 只有在内核完全处于前景外部时，内核中心对应单元格的值才设置为 0，如图 4-39（a）所示。
- 内核部分在前景内时，内核中心对应单元格的值设置为 0（灰色），如图 4-39（b）所示。

0	0	0	0	0	0	0
0	0	0	0	0	0	0
0	0	0	0	0	0	0
0	0	1	1	1	0	0
0	0	1	1	1	0	0
0	0	1	1	1	0	0
0	0	0	0	0	0	0
0	0	0	0	0	0	0
0	0	0	0	0	0	0

（a）内核全部在前景外

0	0	0	0	0	0	0
0	0	0	0	0	0	0
0	0	0	0	0	0	0
0	0	1	1	1	0	0
0	0	1	1	1	0	0
0	0	1	1	1	0	0
0	0	0	0	0	0	0
0	0	0	0	0	0	0
0	0	0	0	0	0	0

（b）内核部分在前景内

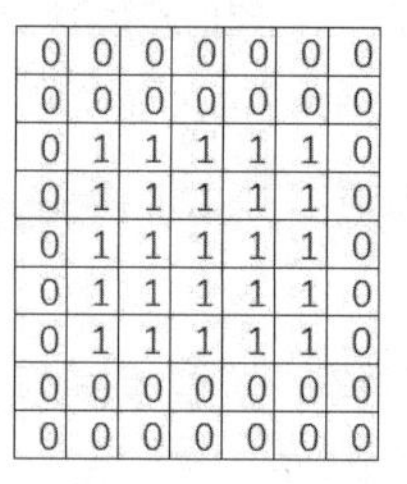

0	0	0	0	0	0	0
0	0	0	0	0	0	0
0	1	1	1	1	1	0
0	1	1	1	1	1	0
0	1	1	1	1	1	0
0	1	1	1	1	1	0
0	1	1	1	1	1	0
0	0	0	0	0	0	0
0	0	0	0	0	0	0

（c）膨胀结果

图 4-39　膨胀原理

通过膨胀操作，图像的边界被扩张，白色区域增大，膨胀结果如图 4-39（c）所示。

OpenCV 的 cv2.dilate()函数用于实现膨胀操作，其基本格式如下。

```
dst=cv2.dilate(src,kernel[,anchor[,iterations[,borderType[,borderValue]]]] )
```

各个参数的含义与 cv2.erode()函数中的一致。

示例代码如下。

```
#test4-27.py：膨胀
import cv2
import numpy as np
img=cv2.imread('zh.jpg')                                    #读取图像
cv2.imshow('img',img)                                       #显示原图像
kernel = np.ones((5,5),np.uint8)                            #定义大小为 5×5 的内核
img2 = cv2.dilate(img,kernel,iterations = 5)                #膨胀，迭代 5 次
cv2.imshow('img2',img2)                                     #显示转换结果图像
cv2.waitKey(0)
```

程序运行结果如图 4-40 所示，其中左图是原图，右图是膨胀后的效果图。

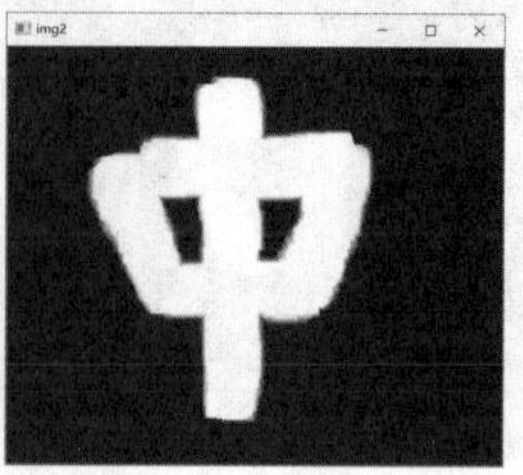

图 4-40　膨胀操作

4.5.4 高级形态操作

4.5.4 高级形态操作

高级形态操作基于腐蚀和膨胀操作，包括开运算、闭运算、形态学梯度运算、黑帽运算和礼帽运算等。

OpenCV 的 cv2.morphologyEx()函数用于实现形态学操作，其基本格式如下。

```
dst=cv2.morphologyEx(src,op,kernel[,anchor[,iterations [,borderType[,borderValue]]]])
```

其中，op 为形态操作类型，其他参数与 cv2.erode()函数中的一致。op 参数值为 cv2.MORPH_ERODE 时执行腐蚀操作，op 参数值为 cv2.MORPH_DILATE 时执行膨胀操作。

1. 开运算

开运算将先对图像执行腐蚀操作，再对腐蚀结果执行膨胀操作。

cv2.morphologyEx()函数的 op 参数值为 cv2.MORPH_OPEN 时，执行形态学的开运算操作，示例代码如下。

```
#test4-28.py：开运算
import cv2
import numpy as np
img=cv2.imread('zh2.jpg')                              #读取图像
cv2.imshow('img',img)                                  #显示原图像
kernel = np.ones((5,5),np.uint8)                       #定义大小为 5×5 的内核
op=cv2.MORPH_OPEN                                      #设置形态操作类型
img2 = cv2.morphologyEx(img,op,kernel,iterations=5)    #形态操作，迭代 5 次
cv2.imshow('img2',img2)                                #显示转换结果图像
cv2.waitKey(0)
```

程序运行结果如图 4-41 所示，其中左图是原图，右图是执行开运算操作后的效果图。

图 4-41 开运算

2. 闭运算

闭运算与开运算相反，它先对图像执行膨胀操作，再对膨胀结果执行腐蚀操作。

cv2.morphologyEx()函数的 op 参数值为 cv2.MORPH_CLOSE 时，执行形态学的闭运算操作，示例代码如下。

```
#test4-29.py：闭运算
import cv2
import numpy as np
```

```
img=cv2.imread('zh.jpg')                                        #读取图像
cv2.imshow('img',img)                                           #显示原图像
kernel = np.ones((5,5),np.uint8)                                #定义大小为 5×5 的内核
op=cv2.MORPH_CLOSE                                              #设置形态操作类型
img2 = cv2.morphologyEx(img,op,kernel,iterations=5)             #形态操作，迭代 5 次
cv2.imshow('img2',img2)                                         #显示转换结果图像
cv2.waitKey(0)
```

程序运行结果如图 4-42 所示，其中左图是原图，右图是执行闭运算操作后的效果图。

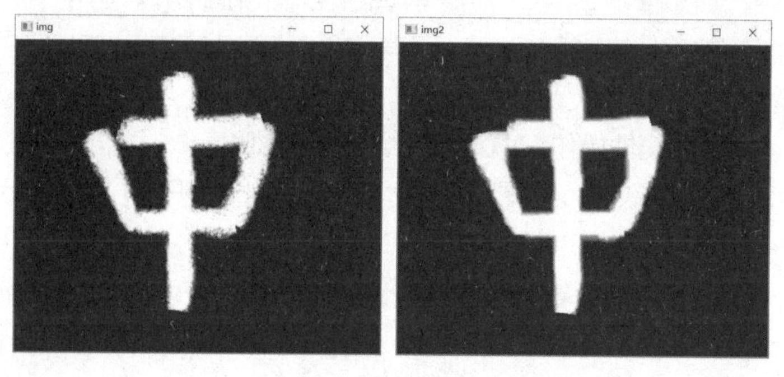

图 4-42　闭运算

3. 形态学梯度运算

形态学梯度运算原理是用图像的膨胀操作结果减去腐蚀操作结果。

cv2.morphologyEx()函数的 op 参数值为 cv2.MORPH_GRADIENT 时，执行形态学梯度运算操作，示例代码如下。

```
#test4-30.py：形态学梯度运算
import cv2
import numpy as np
img=cv2.imread('zh.jpg')                                        #读取图像
cv2.imshow('img',img)                                           #显示原图像
kernel = np.ones((5,5),np.uint8)                                #定义大小为 5×5 的内核
op=cv2.MORPH_GRADIENT                                           #设置形态操作类型
img2 = cv2.morphologyEx(img,op,kernel,iterations=1)             #形态操作，迭代 1 次
cv2.imshow('img2',img2)                                         #显示转换结果图像
cv2.waitKey(0)
```

程序运行结果如图 4-43 所示，其中左图是原图，右图是执行形态学梯度运算操作后的效果图。

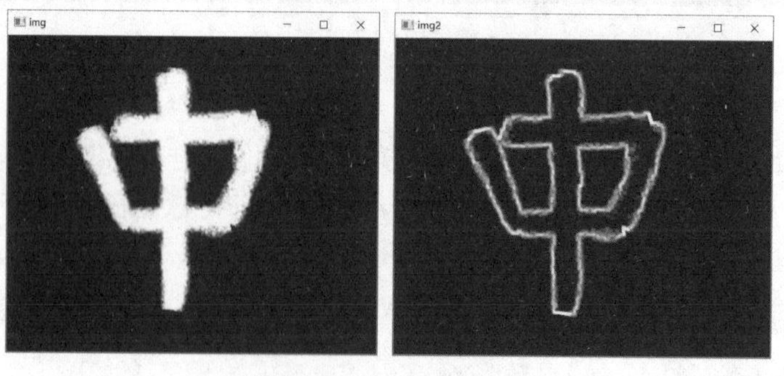

图 4-43　形态学梯度运算

4. 黑帽运算

黑帽运算原理是用图像的闭运算结果减去原图像。

cv2.morphologyEx()函数的 op 参数值为 cv2.MORPH_BLACKHAT 时，执行形态学的黑帽运算操作，示例代码如下。

```
#test4-31.py: 形态学黑帽运算
import cv2
import numpy as np
img=cv2.imread('zh.jpg')                                    #读取图像
cv2.imshow('img',img)                                       #显示原图像
kernel = np.ones((5,5),np.uint8)                            #定义大小为 5×5 的内核
op=cv2.MORPH_BLACKHAT                                       #设置形态操作类型
img2 = cv2.morphologyEx(img,op,kernel,iterations=5)         #形态操作，迭代 5 次
cv2.imshow('img2',img2)                                     #显示转换结果图像
cv2.waitKey(0)
```

程序运行结果如图 4-44 所示，其中左图是原图，右图是执行黑帽运算操作后的效果图。

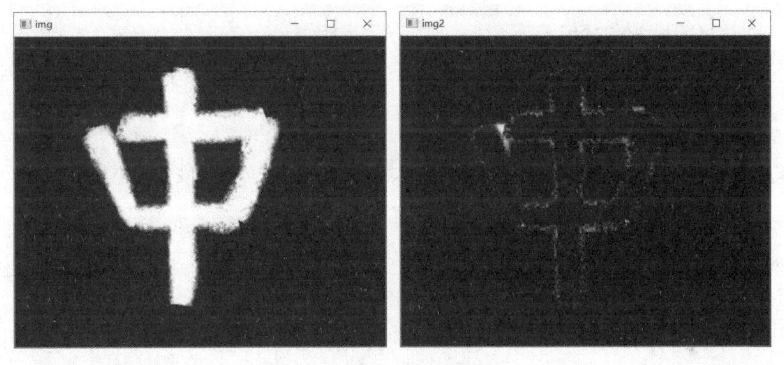

图 4-44　黑帽运算

5. 礼帽运算

礼帽运算原理是用原图像减去图像的开运算结果。

cv2.morphologyEx()函数的 op 参数值为 cv2.MORPH_TOPHAT 时，执行形态学的礼帽运算操作，示例代码如下。

```
#test4-32.py: 形态学礼帽运算
import cv2
import numpy as np
img=cv2.imread('zh.jpg')                                    #读取图像
cv2.imshow('img',img)                                       #显示原图像
kernel = np.ones((5,5),np.uint8)                            #定义大小为 5×5 的内核
op=cv2.MORPH_TOPHAT                                         #设置形态操作类型
img2 = cv2.morphologyEx(img,op,kernel,iterations=5)         #形态操作，迭代 5 次
cv2.imshow('img2',img2)                                     #显示转换结果图像
cv2.waitKey(0)
```

程序运行结果如图 4-45 所示，其中左图是原图，右图是执行礼帽运算操作后的效果图。

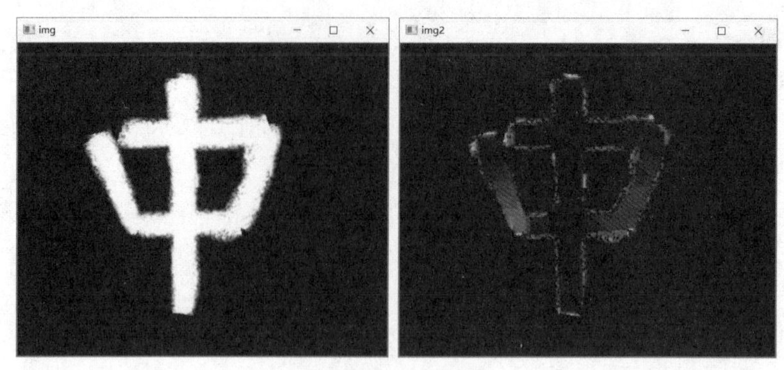

图 4-45　礼帽运算

4.6 实验

4.6.1　实验 1：图像几何变换

4.6.1　实验 1：图像几何变换

1. 实验目的

掌握图像几何变换的基本方法。

2. 实验内容

编写一个程序，使图像沿顺时针方向旋转，在旋转的同时先缩小到 10%，然后从 10%开始放大到 100%，再按此规律缩小、放大。

3. 实验过程

具体操作步骤如下。

（1）在 Windows 的“开始”菜单中选择“Python 3.8\IDLE”命令，启动 IDLE 交互环境。

（2）在 IDLE 交互环境中选择“File\New”命令，打开源代码编辑器。

（3）在源代码编辑器中输入下面的代码。

```
#test4-33.py：实验 1 图像几何变换
import cv2
img=cv2.imread('clocktower.png')                                   #读取图像
cv2.imshow('showimg',img)                                          #显示图像
h=img.shape[0]                                                     #获得图像高度
w=img.shape[1]                                                     #获得图像宽度
angle=1
scale=1
f=-1
while True:
    m=cv2.getRotationMatrix2D((w/2,h/2),-angle,scale+f*0.1)      #创建转换矩阵
    angle=(angle+10)%360                                           #计算下一个旋转角度
    scale=scale+f*0.1                                              #计算下一个缩放比例
    if scale<=0.1 or scale>=1:
        f=f*-1
    img2=cv2.warpAffine(img,m,(w,h))                               #执行旋转操作
    key=cv2.waitKey(100)
    if key==27:                                                    #按【Esc】键时结束
```

```
        break
    cv2.imshow('showimg',img2)
cv2.destroyAllWindows()                              #关闭窗口
```

（4）按【Ctrl+S】组合键保存程序文件，将文件命名为 test4-33.py。

（5）按【F5】键运行程序，运行结果如图 4-46 所示。

图 4-46　旋转、缩放图像

4.6.2　实验 2：图像形态变换

4.6.2　实验 2：图像形态变换

1. 实验目的

掌握图像形态变换的基本方法。

2. 实验内容

使用系统的画图工具创建图 4-47 所示的黑白图像（提示：使用文字工具输入字符 AB，再用喷枪绘制噪声点和线条）。

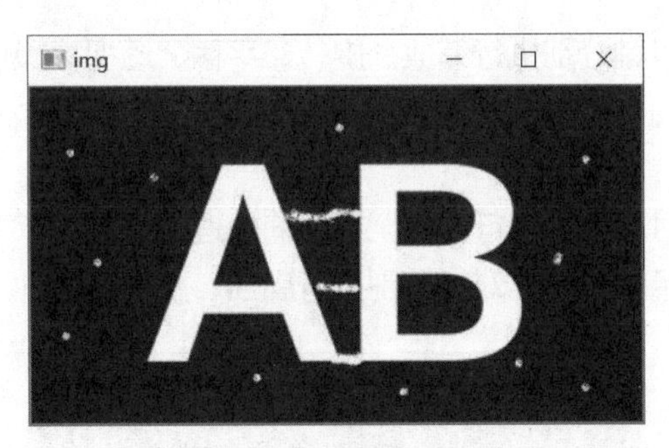

图 4-47　实验操作原图像

编写一个程序，通过图像的形态操作去掉图像中的噪声点和线条。

3. 实验过程

具体操作步骤如下。

（1）在 Windows 的“开始”菜单中选择“Python 3.8\IDLE”命令，启动 IDLE 交互环境。

（2）在 IDLE 交互环境中选择“File\New”命令，打开源代码编辑器。

（3）在源代码编辑器中输入下面的代码。

```
#test4-34.py：实验 2 图像形态变换
import cv2
import numpy as np
img=cv2.imread('ab.png')                                    #读取图像
cv2.imshow('img',img)                                       #显示原图像
kernel = np.ones((5,5),np.uint8)                            #定义大小为 5×5 的内核
op=cv2.MORPH_OPEN                                           #设置形态操作类型
img2 = cv2.morphologyEx(img,op,kernel,iterations=2)         #形态操作
cv2.imshow('img2',img2)
cv2.waitKey(0)
```

（4）按【Ctrl+S】组合键保存程序文件，将文件命名为 test4-34.py。

（5）按【F5】键运行程序，运行结果如图 4-48 所示。

图 4-48　去除噪声点和线条后的图像

习　题

1. 选择一幅图像，将其分别转换为 RGB 色彩空间、GRAY 色彩空间、YCrCb 色彩空间和 HSV 色彩空间。

2. 选择一幅图像，对其分别执行缩放、旋转、平移、透视等操作。

3. 选择一幅图像，对其分别执行均值滤波、高斯滤波、方框滤波、中值滤波和双边滤波等操作。

4. 选择一幅图像，对其分别执行各种全局阈值处理操作。

5. 绘制图 4-49 所示的图像，对其分别执行腐蚀、膨胀等各种形态变换操作。

图 4-49　形态变换操作原图

第 5 章
边缘和轮廓

图像的边缘是指图像中灰度值发生急剧变化的位置，边缘检测的目的是为了绘制出边缘线条。边缘通常是不连续的，不能表示整体。图像轮廓是指将边缘连接起来形成的整体。本章主要介绍边缘检测、图像轮廓和霍夫变换。

5.1 边缘检测

边缘检测结果通常为黑白图像，图像中的白色线条表示边缘。常见的边缘检测算法有 Laplacian 边缘检测、Sobel 边缘检测和 Canny 边缘检测等。

5.1.1 Laplacian 边缘检测

5.1.1 Laplacian 边缘检测

Laplacian（拉普拉斯）边缘检测使用图像矩阵与拉普拉斯核进行卷积运算，其本质是计算图像中任意一点与其在水平方向和垂直方向上 4 个相邻点平均值的差值。常用的拉普拉斯核如下。

$$\begin{bmatrix} 0 & 1 & 0 \\ 1 & -4 & 1 \\ 0 & 1 & 0 \end{bmatrix}, \begin{bmatrix} 0 & -1 & 0 \\ -1 & 4 & -1 \\ 0 & -1 & 0 \end{bmatrix}, \begin{bmatrix} 0 & 2 & 0 \\ 2 & -8 & 2 \\ 0 & 2 & 0 \end{bmatrix}, \begin{bmatrix} 0 & -2 & 0 \\ -2 & 8 & -2 \\ 0 & -2 & 0 \end{bmatrix}$$

cv2.Laplacian()函数用于实现 Laplacian 边缘检测，其基本格式如下。

```
dst=cv2.Laplacian(src,ddepth[,ksize[,scale[,delta[,borderType]]]])
```

参数说明如下。

- dst 表示边缘检测结果图像。
- src 为原图像。
- ddepth 为目标图像的深度。
- ksize 为用于计算二阶导数滤波器的系数，必须为正数且为奇数。
- scale 为可选比例因子。
- delta 为添加到边缘检测结果中的可选增量值。
- borderType 为边界值类型。

示例代码如下。

```
#test5-1.py：拉普拉斯边缘检测
import cv2
```

```
img=cv2.imread('bee.jpg')                    #读取图像
cv2.imshow('original',img)                   #显示原图像
img2=cv2.Laplacian(img,cv2.CV_8U)            #边缘检测
cv2.imshow('Laplacian',img2)                 #显示结果
```

程序运行结果如图 5-1 所示，其中左图为原图像，右图为边缘检测结果图像。

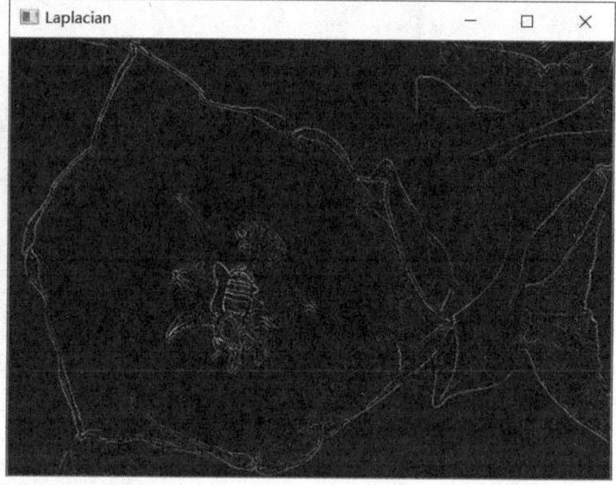

图 5-1　Laplacian 边缘检测

5.1.2　Sobel 边缘检测

5.1.2　Sobel 边缘检测

Sobel 边缘检测将高斯滤波和微分结合起来执行图像卷积运算，其结果具有一定的抗噪性。cv2.Sobel()函数用于实现 Sobel 边缘检测，其基本格式如下。

```
dst=cv2.Sobel(src,depth,dx,dy[,ksize[,scale[,delta[,borderType]]]])
```

参数说明如下。

- dst 表示边缘检测结果图像。
- src 为原图像。
- depth 为目标图像的深度。
- dx 为导数 *x* 的阶数。
- dy 为导数 *y* 的阶数。
- ksize 为扩展的 Sobel 内核的大小，必须是 1、3、5 或 7。
- scale 为计算导数的可选比例因子。
- delta 为添加到边缘检测结果中的可选增量值。
- borderType 为边界值类型。

示例代码如下。

```
#test5-2.py：Sobel 边缘检测
import cv2
img=cv2.imread('bee.jpg')                        #读取图像
cv2.imshow('original',img)                       #显示原图像
img2=cv2.Laplacian(img,cv2.CV_8U,0,1)            #边缘检测
cv2.imshow('Sobel',img2)                         #显示结果
```

程序运行结果如图 5-2 所示，其中左图为原图像，右图为边缘检测结果图像。

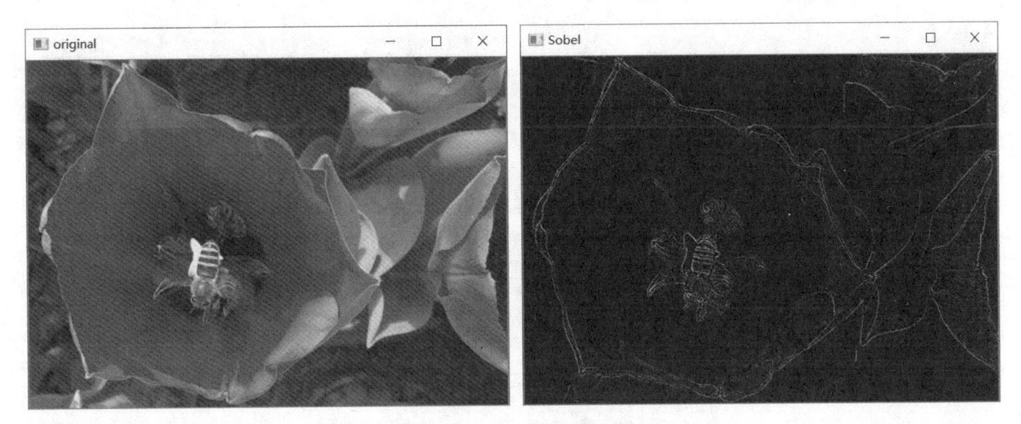

图 5-2　Sobel 边缘检测

5.1.3　Canny 边缘检测

5.1.3　Canny 边缘检测

Laplacian 边缘检测和 Sobel 边缘检测都是通过卷积运算来计算边缘，它们的算法比较简单，因此结果可能会损失过多的边缘信息或有很多的噪声。Canny 边缘检测的算法更复杂，它包含下列 5 个步骤。

（1）使用高斯滤波去除图像噪声。

（2）使用 Sobel 核进行滤波，计算梯度。

（3）在边缘使用非最大值抑制。

（4）对检测出的边缘使用双阈值以去除假阳性。

（5）分析边缘之间的连接性，保留真正的边缘，消除不明显的边缘。

cv2.Canny()函数用于实现 Canny 边缘检测，其基本格式如下。

```
dst=cv2.Canny(src,threshold1,threshold2[,apertureSize[,L2gradient]])
```

参数说明如下。

- dst 表示边缘检测结果图像。
- src 为原图像。
- threshold1 为第 1 阈值。
- threshold2 为第 2 阈值。
- apertureSize 为计算梯度时使用的 Sobel 核大小。
- L2gradient 为标志。

示例代码如下。

```
#test5-3.py: Canny 边缘检测
import cv2
img=cv2.imread('bee.jpg')                  #读取图像
cv2.imshow('original',img)                 #显示原图像
img2=cv2.Canny(img,200,300)                #边缘检测
cv2.imshow('Canny',img2)                   #显示结果
```

程序运行结果如图 5-3 所示，其中左图为原图像，右图为边缘检测结果图像。

图 5-3　Canny 边缘检测

5.2 图像轮廓

图像轮廓是指由位于边缘、连续的、具有相同颜色和强度的点构成的曲线，它可用于形状分析，以及对象检测和识别。

5.2.1　查找轮廓

5.2.1　查找轮廓

cv2.findContours()函数用于从二值图像中查找图像轮廓，其基本格式如下。

```
contours,hierarchy=cv2.findContours(image,mode,method[,offset])
```

参数说明如下。

- contours 为返回的轮廓。
- hierarchy 为返回的轮廓的层次结构。
- image 为原图像。
- mode 为轮廓的检索模式。
- method 为轮廓的近似方法。
- offset 为每个轮廓点移动的可选偏移量。

示例代码如下。

```
#test5-4.py：查找轮廓
import cv2
import numpy as np
img=cv2.imread('shapes.jpg')                                        #读取图像
cv2.imshow('original',img)                                          #显示原图像
gray=cv2.cvtColor(img,cv2.COLOR_BGR2GRAY)                           #将其转换为灰度图像
ret,img2=cv2.threshold(gray,125,255,cv2.THRESH_BINARY)              #二值化阈值处理
c,h=cv2.findContours(img2,cv2.RETR_TREE,cv2.CHAIN_APPROX_SIMPLE)    #查找轮廓
print('轮廓：',c)
print('轮廓类型：',type(c))
```

```
print('轮廓个数: ',len(c))
print('层次: ',h)
print('层次类型: ',type(h))
for n in(range(3)):
    img3=np.zeros(img.shape, np.uint8)+255                    #按原图大小创建一幅白色图像
    cv2.polylines(img3,[c[n]],True,(255,0,0),2)               #绘制轮廓
    cv2.imshow('%s' % n,img3)                                 #显示轮廓图像
cv2.waitKey(0)                                                #按任意键结束等待
cv2.destroyAllWindows()                                       #关闭所有窗口
```

程序运行结果如图 5-4 所示，其中图 5-4（a）为原图，其余为轮廓图。

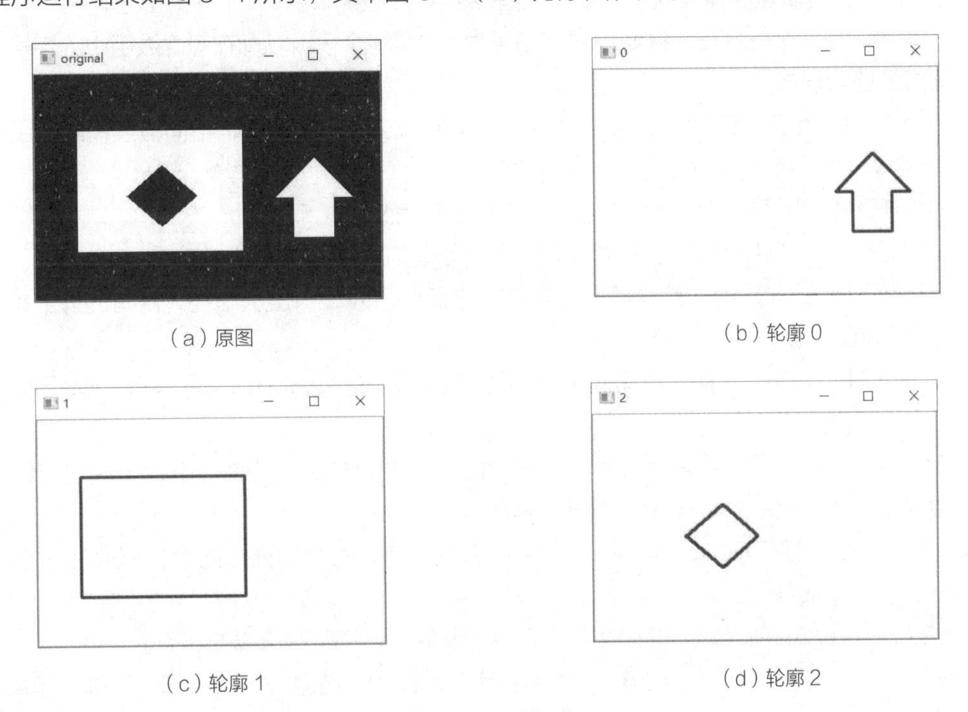

（a）原图 （b）轮廓 0

（c）轮廓 1 （d）轮廓 2

图 5-4　查找轮廓

程序输出结果如下。

```
轮廓: [array([[[285,  86]],
…
       [[286,  86]]], dtype=int32), array([[[ 44,  57]],
       [[ 44, 177]],
       [[212, 177]],
       [[212,  57]]], dtype=int32), array([[[130,  91]],
…
       [[128,  93]]], dtype=int32)]
轮廓类型: <class 'list'>
轮廓个数: 3
层次: [[[ 1 -1 -1 -1]
  [-1  0  2 -1]
  [-1 -1 -1  1]]]
```

```
层次类型: <class 'numpy.ndarray'>
```

1. cv2.findContours()函数返回结果

cv2.findContours()函数返回一个 list 对象，保存了轮廓数组。轮廓数组的每个元素都是一个表示轮廓的 array 对象；返回的轮廓层次是一个 numpy.ndarray 对象。

2. 轮廓层次

根据轮廓的嵌套关系，可将轮廓之间的层次关系分为父级和子级，外部的轮廓为父级，内部的轮廓为子级。例如，图 5-4 所示的轮廓 1 是轮廓 2 的父级，轮廓 0 和轮廓 1 同级。

cv2.findContours()函数返回的轮廓层次中，numpy.ndarray 对象中的每个元素表示的层次关系格式为：[下一个轮廓 前一个轮廓 第一个子级轮廓 父级轮廓]。例如，[-1 0 2 -1]中，-1 表示不存在对应的轮廓，前一个轮廓在轮廓数组中的序号为 0，第一个子级轮廓在轮廓数组中的序号为 2。

3. 轮廓的检索模式

cv2.findContours()函数中的 mode 参数用于设置轮廓的检索模式，不同检索模式下函数返回的轮廓有所不同。mode 参数可设置为下列常数。

- cv2.RETR_LIST：仅检索所有轮廓，不创建任何父子关系。
- cv2.RETR_EXTERNAL：仅检索所有的外部轮廓，不包含子级轮廓。
- cv2.RETR_CCOMP：检索所有轮廓并将它们排列为 2 级层次结构，所有的外部轮廓为 1 级，所有的子级轮廓为 2 级。
- cv2.RETR_TREE：检索所有轮廓并创建完整的层次列表，如父级、子级、孙子级等。

4. 轮廓的近似方法

cv2.findContours()函数中的 method 参数用于设置轮廓的近似方法，它用于决定如何确定轮廓包含的像素点。method 参数可设置为下列常数。

- cv2.CHAIN_APPROX_NONE：存储所有轮廓点，轮廓的任意两个相邻点是水平、垂直或对角线上的邻居。
- cv2.CHAIN_APPROX_SIMPLE：只保存水平、垂直和对角线的端点。
- cv2.CHAIN_APPROX_TC89_L1：应用 Teh-Chin 链逼近算法中的一种确定轮廓点。

5.2.2 绘制轮廓

5.2.2 绘制轮廓

cv2.drawContours()函数用于绘制轮廓，其基本格式如下。

```
image=cv2.drawContours(image,contours,contourIdx,color
            [,thickness[,lineType[,hierarchy[,maxLevel[,offset]]]]])
```

参数说明如下。

- image 为在其中绘制轮廓的图像。
- contours 为要绘制的轮廓。
- contourIdx 为要绘制的轮廓的索引，大于或等于 0 时绘制对应的轮廓，负数（通常为-1）表示绘制所有轮廓。
- color 为轮廓颜色，颜色为 BGR 格式。
- thickness 为可选参数，表示绘制轮廓时画笔的粗细。
- lineType 为可选参数，表示绘制轮廓时使用的线型。

- hierarchy 为可选参数，对应 cv2.findContours()函数返回的轮廓层次。
- maxLevel 为可选参数，表示可绘制的最大轮廓层次深度。
- offset 为可选参数，表示绘制轮廓的偏移位置。

示例代码如下。

```
#test5-5.py：绘制轮廓
import cv2
import numpy as np
img=cv2.imread('shapes.jpg')                                         #读取图像
cv2.imshow('original',img)                                           #显示原图像
gray=cv2.cvtColor(img,cv2.COLOR_BGR2GRAY)                            #将其转换为灰度图像
ret,img2=cv2.threshold(gray,125,255,cv2.THRESH_BINARY)               #二值化阈值处理
c,h=cv2.findContours(img2,cv2.RETR_TREE,cv2.CHAIN_APPROX_SIMPLE)     #查找轮廓
img3=np.zeros(img.shape, np.uint8)+255                               #按原图大小创建一幅白色图像
img3=cv2.drawContours(img3,c,-1,(0,0,255),2)                         #绘制轮廓
cv2.imshow('Contours',img3)                                          #显示轮廓图像
cv2.waitKey(0)                                                       #按任意键结束等待
cv2.destroyAllWindows()                                              #关闭所有窗口
```

程序运行结果如图 5-5 所示。

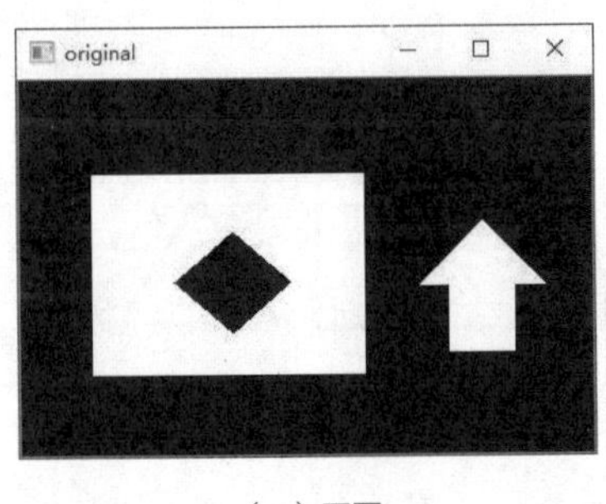

（a）原图

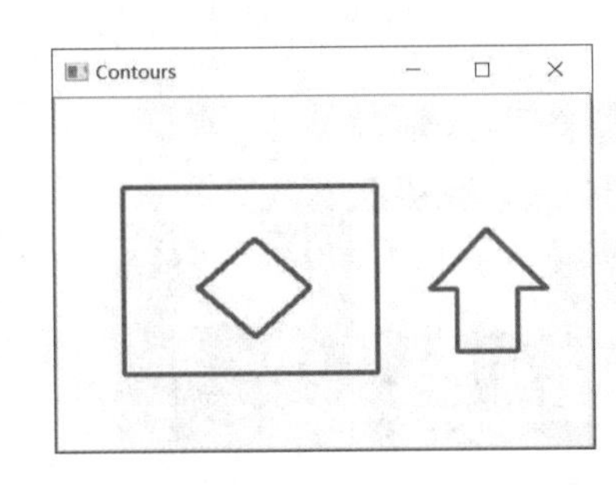

（b）轮廓

图 5-5　绘制轮廓

5.2.3　轮廓特征

5.2.3　轮廓特征

1. 轮廓的矩

轮廓的矩包含了轮廓的各种几何特征，如面积、位置、角度、形状等。

cv2.moments()函数用于返回轮廓的矩，其基本格式如下。

```
ret=cv2.moments(array[,binaryImage])
```

参数说明如下。

- ret 为返回的轮廓矩，是一个字典对象。大多数矩的含义比较抽象，但其中的零阶矩（m00）表示轮廓的面积。
- array 为表示轮廓的数组。
- binaryImage 值为 True 时，会将 array 对象中的所有非 0 值设置为 1。

示例代码如下。

```
#test5-6.py：轮廓的矩
import cv2
import numpy as np
img=cv2.imread('shape2.jpg')                                          #读取图像
cv2.imshow('original',img)                                            #显示原图像
gray=cv2.cvtColor(img,cv2.COLOR_BGR2GRAY)                             #将其转换为灰度图像
ret,img2=cv2.threshold(gray,125,255,cv2.THRESH_BINARY)                #二值化阈值处理
c,h=cv2.findContours(img2,cv2.RETR_TREE,cv2.CHAIN_APPROX_SIMPLE)     #查找轮廓
img3=np.zeros(img.shape, np.uint8)+255                                #按原图大小创建一幅白色图像
img3=cv2.drawContours(img3,c,-1,(0,0,255),2)                          #绘制轮廓
cv2.imshow('Contours',img3)                                           #显示轮廓图像
for n in range(len(c)):
    m=cv2.moments(c[n])
    print('轮廓%s 的矩：'%n,m)                                         #输出轮廓矩
    print('轮廓%s 的面积：'%n,m['m00'])                                #输出轮廓面积
cv2.waitKey(0)                                                        #按任意键结束等待
cv2.destroyAllWindows()                                               #关闭所有窗口
```

程序运行结果如图 5-6 所示。

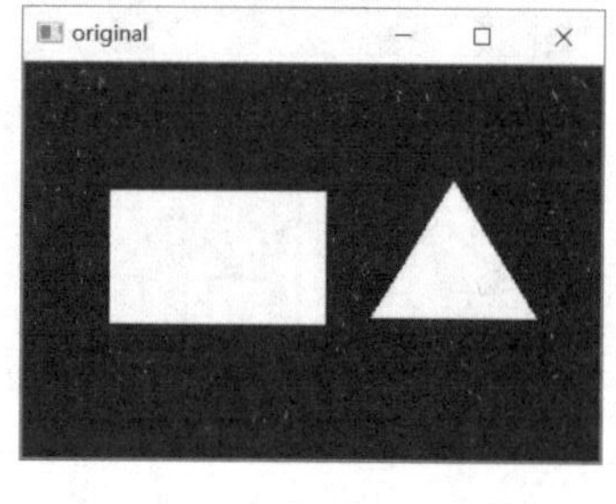

（a）原图

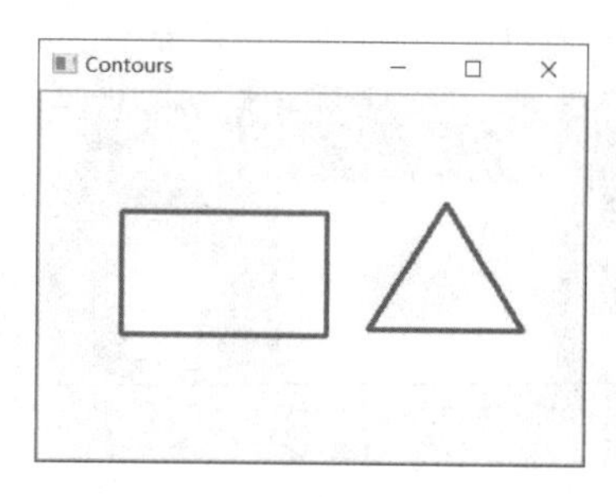

（b）轮廓

图 5-6　轮廓的矩

程序输出的轮廓矩和轮廓面积如下。

```
轮廓 0 的矩： {'m00': 9324.0, 'm10': 1053612.0, 'm01': 1006992.0, 'm20': 131393808.0, 'm11': 113790096.0,
'm02': 113009988.0, 'm30': 17635357656.0, 'm21': 14190531264.0, 'm12': 12770128644.0, 'm03':
13124126736.0, 'mu20': 12335652.0, 'mu11': 0.0, 'mu02': 4254852.0, 'mu30': 0.0, 'mu21': 0.0, 'mu12': 0.0,
'mu03': 0.0, 'nu20': 0.14189189189189189, 'nu11': 0.0, 'nu02': 0.048941798941798946, 'nu30': 0.0, 'nu21':
0.0, 'nu12': 0.0, 'nu03': 0.0}
轮廓 0 的面积： 9324.0
轮廓 1 的矩： {'m00': 3648.0, 'm10': 912000.0, 'm01': 421680.0, 'm20': 229392768.0, 'm11': 105420000.0,
'm02': 49920352.0, 'm30': 58044576000.0, 'm21': 26530141314.4, 'm12': 12480088000.0, 'm03': 6030634963.
200001, 'mu20': 1392768.0, 'mu11': 0.0, 'mu02': 1177473.0526315793, 'mu30': 0.0, 'mu21':
14148329.136843652, 'mu12': 1.1920928955078125e-06, 'mu03': -11976798.046536446, 'nu20':
0.10465720221606647, 'nu11': 0.0, 'nu02': 0.08847922652820303, 'nu30': 0.0, 'nu21': 0.017602245759508372,
'nu12': 1.4831088471252271e-15, 'nu03': -0.014900596430015324}
轮廓 1 的面积： 3648.0
```

2．轮廓的面积

cv2.contourArea()函数用于返回轮廓面积，其基本格式如下。

```
ret=cv2.contourArea(contour[,oriented])
```

参数说明如下。

- ret 为返回的面积。
- contour 为轮廓。
- oriented 为可选参数。其参数值为 True 时，返回值的正与负表示轮廓是顺时针还是逆时针；参数值为 False（默认值）时，函数返回值为绝对值。

示例代码如下。

```
#test5-7.py：轮廓面积
import cv2
import numpy as np
img=cv2.imread('shape2.jpg')                                                  #读取图像
gray=cv2.cvtColor(img,cv2.COLOR_BGR2GRAY)                                     #将其转换为灰度图像
ret,img2=cv2.threshold(gray,125,255,cv2.THRESH_BINARY)                        #二值化阈值处理
c,h=cv2.findContours(img2,cv2.RETR_TREE,cv2.CHAIN_APPROX_SIMPLE)  #查找轮廓
for n in range(len(c)):
    m=cv2.contourArea(c[n])                                                   #计算轮廓面积
    print('轮廓%s 的面积：'%n,m)                                              #输出轮廓面积
```

程序输出结果如下。

```
轮廓 0 的面积： 9324.0
轮廓 1 的面积： 3648.0
```

3．轮廓的长度

cv2.arcLength()函数用于返回轮廓的长度，其基本格式如下。

```
ret=cv2.arcLength(contour,closed)
```

参数说明如下。

- ret 为返回的长度。
- contour 为轮廓。
- closed 为布尔值，为 True 时表示轮廓是封闭的。

示例代码如下。

```
#test5-8.py：轮廓长度
import cv2
import numpy as np
img=cv2.imread('shape2.jpg')                                                  #读取图像
gray=cv2.cvtColor(img,cv2.COLOR_BGR2GRAY)                                     #将其转换为灰度图像
ret,img2=cv2.threshold(gray,125,255,cv2.THRESH_BINARY)                        #二值化阈值处理
c,h=cv2.findContours(img2,cv2.RETR_TREE,cv2.CHAIN_APPROX_SIMPLE)  #查找轮廓
for n in range(len(c)):
    m=cv2.arcLength(c[n],True)                                                #计算轮廓长度
    print('轮廓%s 的长度：'%n,m)                                              #输出轮廓长度
```

程序输出结果如下。

```
轮廓 0 的长度： 400.0
```

```
轮廓 1 的长度： 287.76449966430664
```

4. 轮廓的近似多边形

cv2.approxPolyDP()函数用于返回轮廓的近似多边形，其基本格式如下。

```
ret=cv2.approxPolyDP(contour,epsilon,closed)
```

参数说明如下。

- ret 为返回的近似多边形。
- contour 为轮廓。
- epsilon 为精度，表示近似多边形接近轮廓的最大距离。
- closed 为布尔值，为 True 时表示轮廓是封闭的。

示例代码如下。

```
#test5-9.py：轮廓的近似多边形
import cv2
import numpy as np
img=cv2.imread('shape3.jpg')                                   #读取图像
cv2.imshow('original',img)                                     #显示原图像
gray=cv2.cvtColor(img,cv2.COLOR_BGR2GRAY)                      #将其转换为灰度图像
ret,img2=cv2.threshold(gray,125,255,cv2.THRESH_BINARY)         #二值化阈值处理
c,h=cv2.findContours(img2,cv2.RETR_TREE,cv2.CHAIN_APPROX_SIMPLE) #查找轮廓
ep=[0.1,0.05,0.01]
arcl=cv2.arcLength(c[0],True)                                  #计算轮廓长度
print(arcl)
img3=np.zeros(img.shape, np.uint8)+255                         #按原图大小创建一幅白色图像
img3=cv2.drawContours(img3,c,-1,(0,0,255),2)                   #绘制轮廓
for n in range(3):
    eps=ep[n]*arcl
    img4=img3.copy()
    app=cv2.approxPolyDP(c[0],eps,True)                        #获得近似多边形
    img4=cv2.drawContours(img4,[app],-1,(255,0,0),2)           #绘制近似轮廓
    cv2.imshow('appro %.2f' % ep[n],img4)                      #显示轮廓图像
cv2.waitKey(0)                                                 #按任意键结束等待
cv2.destroyAllWindows()                                        #关闭所有窗口
```

程序运行结果如图 5-7 所示，其中（a）为原图，（b）为精度为“边长*0.1”时的近似多边形（蓝色）和轮廓（红色），（c）为精度为“边长*0.05”时的近似多边形（蓝色）和轮廓（红色），（d）为精度为“边长*0.01”时的近似多边形（蓝色）和轮廓（红色）。

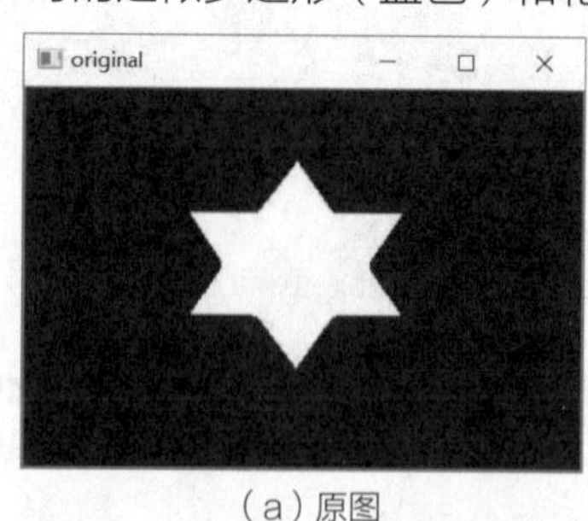

（a）原图

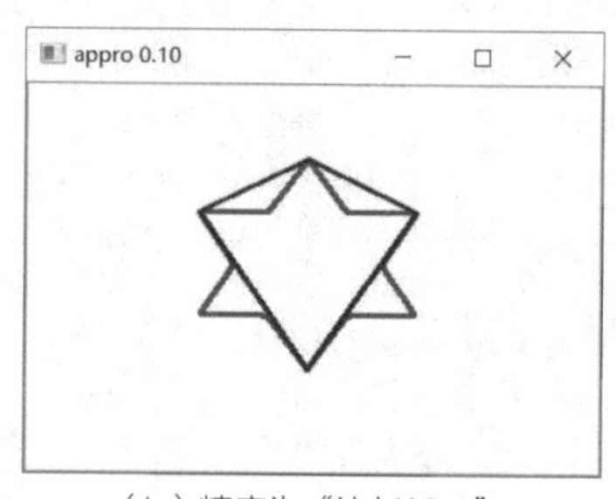

（b）精度为“边长*0.1”

图 5-7　轮廓的近似多边形

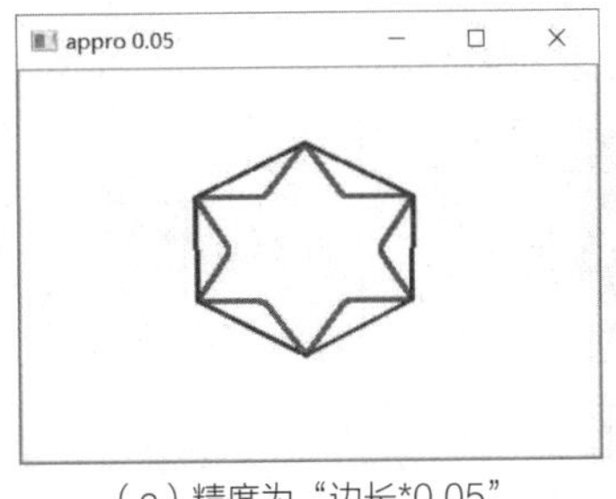
（c）精度为“边长*0.05”

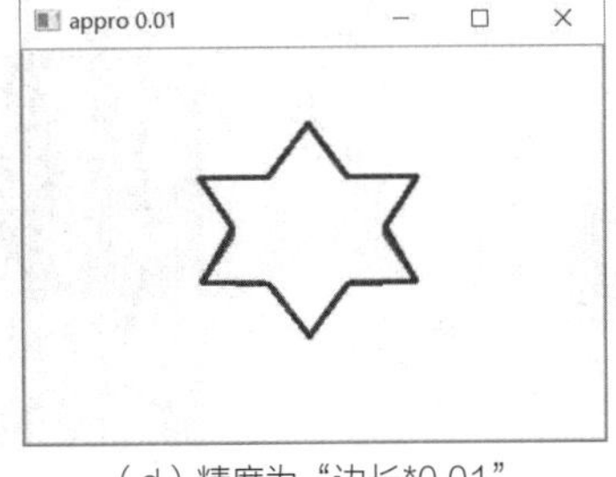
（d）精度为“边长*0.01”

图 5-7　轮廓的近似多边形（续）

5. 轮廓的凸包

cv2.convexHull()函数用于返回轮廓的凸包，其基本格式如下。

```
hull=cv2.convexHull(contour[,clockwise[,returnPoints]])
```

参数说明如下。

- hull 为返回的凸包，是一个 numpy.ndarray 对象，包含了凸包的关键点。
- contour 为轮廓。
- clockwise 为方向标记，为 True 时，凸包为顺时针方向；为 False（默认值）时，凸包为逆时针方向。
- returnPoints 为 True（默认值）时，返回的 hull 中包含的是凸包关键点的坐标；为 False 时，返回的是凸包关键点在轮廓中的索引。

示例代码如下。

```
#test5-10.py: 轮廓的凸包
import cv2
import numpy as np
img=cv2.imread('shape3.jpg')                                    #读取图像
cv2.imshow('original',img)                                      #显示原图像
gray=cv2.cvtColor(img,cv2.COLOR_BGR2GRAY)                       #将其转换为灰度图像
ret,img2=cv2.threshold(gray,125,255,cv2.THRESH_BINARY)          #二值化阈值处理
c,h=cv2.findContours(img2,cv2.RETR_TREE,cv2.CHAIN_APPROX_SIMPLE) #计算轮廓
img3=np.zeros(img.shape, np.uint8)+255                          #按原图大小创建一幅白色图像
img3=cv2.drawContours(img3,c,-1,(0,0,255),2)                    #绘制轮廓
hull = cv2.convexHull(c[0])                                     #计算凸包
print('returnPoints=True 时返回的凸包：\n ',hull)
hull2 = cv2.convexHull(c[0],returnPoints=False)
print('returnPoints=False 时返回的凸包：\n ',hull2)
cv2.polylines(img3,[hull],True,(255,0,0),2)                     #绘制凸包
cv2.imshow('Convex Hull',img3)                                  #显示轮廓图像
cv2.waitKey(0)                                                  #按任意键结束等待
cv2.destroyAllWindows()                                         #关闭所有窗口
```

程序运行结果如图 5-8 所示，其中（a）为原图，（b）为轮廓（红色）和凸包（蓝色）。

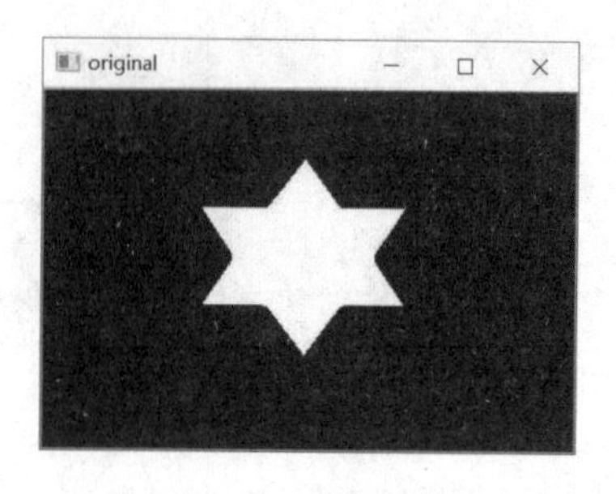

（a）原图

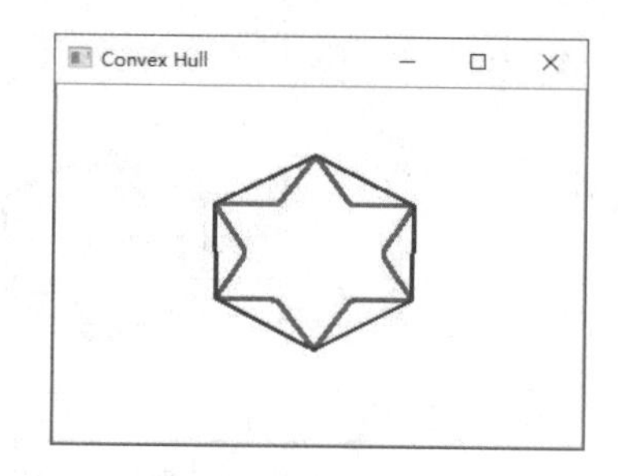

（b）轮廓和凸包

图 5-8　轮廓的凸包

程序输出了 returnPoints 参数值为 True 和 False 时返回的凸包数据，如下所示。

```
returnPoints=True 时返回的凸包：
 [[[228  72]]
 [[227 131]]
 [[165 162]]
 [[102 131]]
 [[101  72]]
 [[165  42]]]
returnPoints=False 时返回的凸包：
 [[124]
 [ 86]
 [ 68]
 [ 52]
 [ 14]
 [  0]]
```

6. 轮廓的直边界矩形

轮廓的直边界矩形是指可容纳轮廓的矩形，且矩形的两条边必须是水平的。直边界矩形不一定是面积最小的边界矩形。

cv2.boundingRect()函数用于返回轮廓的直边界矩形，其基本格式如下。

```
ret=cv2.boundingRect(contour)
```

参数说明如下。

- ret 为返回的直边界矩形，它是一个四元组，其格式为(矩形左上角 x 坐标,矩形左上角 y 坐标,矩形的宽度,矩形的高度)。
- contour 为用于计算直边界矩形的轮廓。

示例代码如下。

```
#test5-11.py：轮廓的直边界矩形
import cv2
import numpy as np
img=cv2.imread('shape4.jpg')                                  #读取图像
cv2.imshow('original',img)                                    #显示原图像
gray=cv2.cvtColor(img,cv2.COLOR_BGR2GRAY)                     #将其转换为灰度图像
ret,img2=cv2.threshold(gray,125,255,cv2.THRESH_BINARY)        #二值化阈值处理
```

```
c,h=cv2.findContours(img2,cv2.RETR_TREE,cv2.CHAIN_APPROX_SIMPLE) #计算轮廓
img3=np.zeros(img.shape, np.uint8)+255                           #按原图大小创建一幅白色图像
cv2.drawContours(img3,c,-1,(0,0,255),2)                          #绘制轮廓
ret=cv2.boundingRect(c[0])                                       #计算直边界矩形
print('直边界矩形: \n',ret)
pt1=(ret[0],ret[1])
pt2=(ret[0]+ret[2],ret[1]+ret[3])
cv2.rectangle(img3,pt1,pt2,(255,0,0),2)                          #绘制直边界矩形
cv2.imshow('Rectangle',img3)                                     #显示结果图像
cv2.waitKey(0)                                                   #按任意键结束等待
cv2.destroyAllWindows()                                          #关闭所有窗口
```

程序运行结果如图 5-9 所示，其中（a）为原图，（b）为轮廓（红色）和直边界矩形（蓝色）。

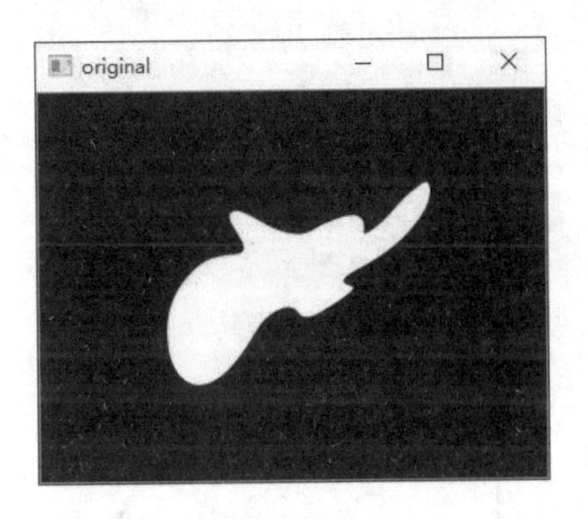

（a）原图

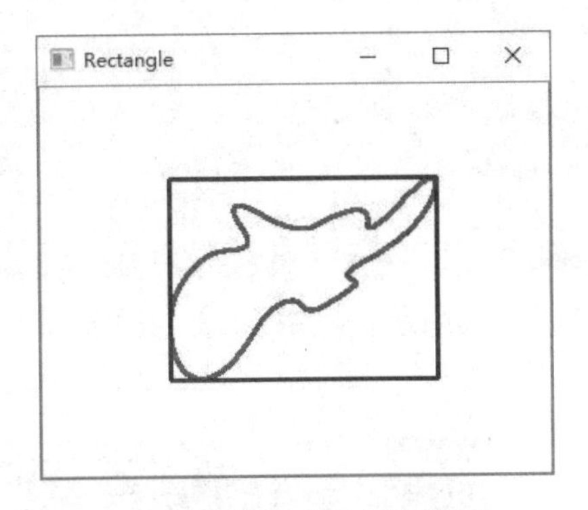

（b）轮廓和直边界矩形

图 5-9　轮廓的直边界矩形

程序输出了 boundingRect()函数返回的直边界矩形数据，如下所示。

```
直边界矩形: (81, 57, 167, 124)
```

7. 轮廓的旋转矩形

轮廓的旋转矩形是指可容纳轮廓的面积最小的矩形。cv2.minAreaRect()函数用于返回轮廓的旋转矩形，其基本格式如下。

```
box=cv2.minAreaRect(contour)
```

参数说明如下。

- box 为返回的旋转矩形，它是一个三元组，其格式为((矩形中心点 *x* 坐标,矩形中心点 *y* 坐标),(矩形的宽度,矩形的高度),矩形的旋转角度)。
- contour 为用于计算矩形的轮廓。

cv2.minAreaRect()函数的返回结果不能直接用于绘制旋转矩形，可用 cv2.boxPoints()函数将其转换为矩形的顶点坐标，其基本格式如下。

```
points=cv2.boxPoints(box)
```

参数说明如下。

- points 为返回的矩形顶点坐标，坐标数据为浮点数。
- box 为 cv2.minAreaRect()函数返回的矩形数据。

示例代码如下。

```
#test5-12.py: 轮廓的旋转矩形
import cv2
import numpy as np
img=cv2.imread('shape4.jpg')                                          #读取图像
cv2.imshow('original',img)                                            #显示原图像
gray=cv2.cvtColor(img,cv2.COLOR_BGR2GRAY)                             #将其转换为灰度图像
ret,img2=cv2.threshold(gray,125,255,cv2.THRESH_BINARY)                #二值化阈值处理
c,h=cv2.findContours(img2,cv2.RETR_TREE,cv2.CHAIN_APPROX_SIMPLE)      #计算轮廓
img3=np.zeros(img.shape, np.uint8)+255                                #按原图大小创建一幅白色图像
cv2.drawContours(img3,c,-1,(0,0,255),2)                               #绘制轮廓
ret=cv2.minAreaRect(c[0])                                             #计算最小矩形
rect=cv2.boxPoints(ret)                                               #计算矩形顶点
rect=np.int0(rect)                                                    #转换为整数
cv2.drawContours(img3,[rect],0,(255,0,0),2)                           #绘制旋转矩形
cv2.imshow('Rectangle',img3)                                          #显示结果图像
cv2.waitKey(0)                                                        #按任意键结束等待
cv2.destroyAllWindows()                                               #关闭所有窗口
```

程序运行结果如图 5-10 所示，其中（a）为原图，（b）为轮廓（红色）和旋转矩形（蓝色）。

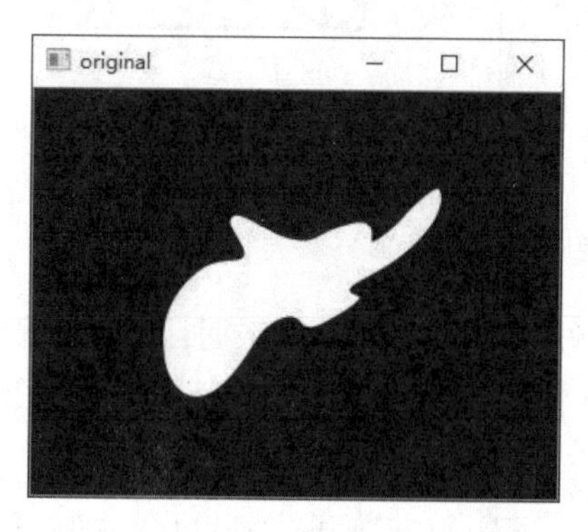

（a）原图

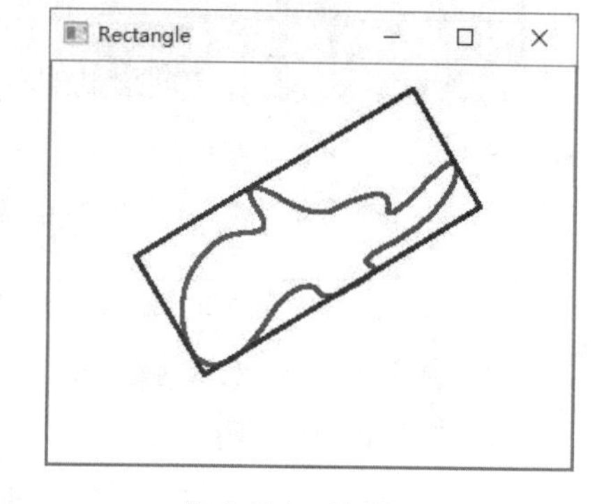

（b）轮廓和旋转矩形

图 5-10　轮廓的旋转矩形

8. 轮廓的最小外包圆

cv2.minEnclosingCircle()函数用于返回可容纳轮廓的最小外包圆，其基本格式如下。

```
center,radius=cv2.minEnclosingCircle(contour)
```

参数说明如下。

- center 为圆心。
- radius 为半径。
- contour 为用于计算最小外包圆的轮廓。

示例代码如下。

```
#test5-13.py: 轮廓的最小外包圆
import cv2
```

```
import numpy as np
img=cv2.imread('shape4.jpg')                                        #读取图像
cv2.imshow('original',img)                                          #显示原图像
gray=cv2.cvtColor(img,cv2.COLOR_BGR2GRAY)                           #将其转换为灰度图像
ret,img2=cv2.threshold(gray,125,255,cv2.THRESH_BINARY)              #二值化阈值处理
c,h=cv2.findContours(img2,cv2.RETR_TREE,cv2.CHAIN_APPROX_SIMPLE)    #计算轮廓
img3=np.zeros(img.shape, np.uint8)+255                              #按原图大小创建一幅白色图像
cv2.drawContours(img3,c,-1,(0,0,255),2)                             #绘制轮廓
(x,y),radius=cv2.minEnclosingCircle(c[0])                           #计算最小外包圆
center = (int(x),int(y))
radius = int(radius)
cv2.circle(img3,center,radius,(255,0,0),2)                          #绘制最小外包圆
cv2.imshow('Circle',img3)                                           #显示结果图像
cv2.waitKey(0)                                                      #按任意键结束等待
cv2.destroyAllWindows()                                             #关闭所有窗口
```

程序运行结果如图 5-11 所示，其中（a）为原图，（b）为轮廓（红色）和最小外包圆（蓝色）。

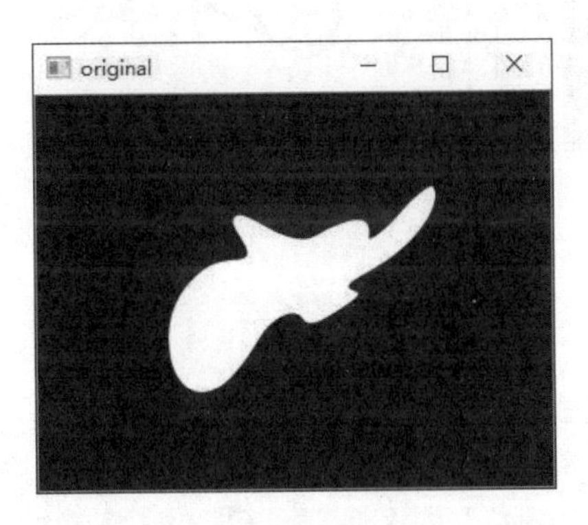

（a）原图

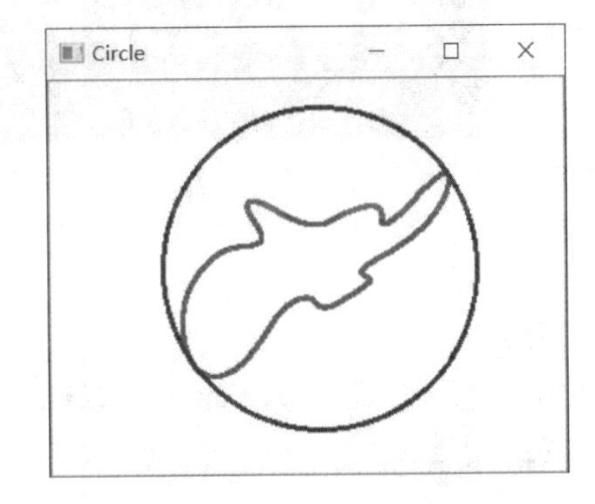

（b）轮廓和最小外包圆

图 5-11　轮廓的最小外包圆

9. 轮廓的拟合椭圆

cv2.fitEllipse()函数用于返回轮廓的拟合椭圆，其基本格式如下。

```
ellipse=cv2.fitEllipse(contour)
```

参数说明如下。

- ellipse 为返回的椭圆。
- contour 为用于计算拟合椭圆的轮廓。

示例代码如下。

```
#test5-14.py：轮廓的拟合椭圆
import cv2
import numpy as np
img=cv2.imread('shape4.jpg')                                        #读取图像
cv2.imshow('original',img)                                          #显示原图像
gray=cv2.cvtColor(img,cv2.COLOR_BGR2GRAY)                           #将其转换为灰度图像
ret,img2=cv2.threshold(gray,125,255,cv2.THRESH_BINARY)              #二值化阈值处理
```

```
c,h=cv2.findContours(img2,cv2.RETR_TREE,cv2.CHAIN_APPROX_SIMPLE) #计算轮廓
img3=np.zeros(img.shape, np.uint8)+255                          #按原图大小创建一幅白色图像
cv2.drawContours(img3,c,-1,(0,0,255),2)                         #绘制轮廓
ellipse = cv2.fitEllipse(c[0])                                  #计算拟合椭圆
cv2.ellipse(img3,ellipse,(255,0,0),2)                           #绘制拟合椭圆
cv2.imshow('ellipse',img3)                                      #显示结果图像
cv2.waitKey(0)                                                  #按任意键结束等待
cv2.destroyAllWindows()                                         #关闭所有窗口
```

程序运行结果如图 5-12 所示，其中（a）为原图，（b）为轮廓（红色）和拟合椭圆（蓝色）。

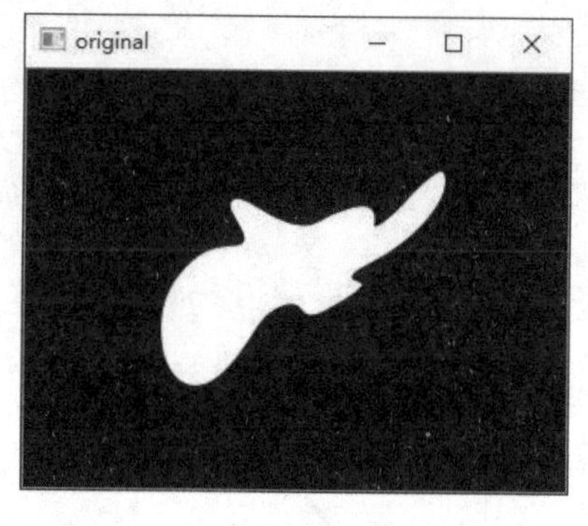

（a）原图

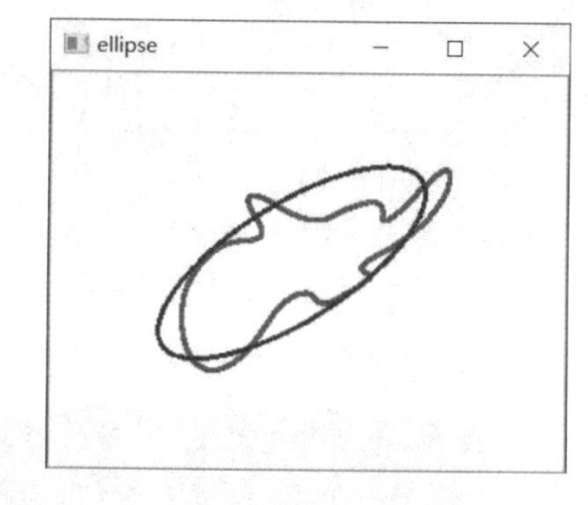

（b）轮廓和拟合椭圆

图 5-12　轮廓的拟合椭圆

10. 轮廓的拟合直线

cv2.fitLine()函数用于返回轮廓的拟合直线，其基本格式如下。

```
line=cv2.fitLine(contour,distType,param,reps,aeps)
```

参数说明如下。

- line 为返回的拟合直线。
- contour 为用于计算拟合直线的轮廓。
- distType 为距离类型参数，决定如何计算拟合直线，可设置为下列常量。
  - cv2.DIST_USER：用户自定义距离。
  - cv2.DIST_L1：用 2 个点的坐标计算距离，公式为|x1-x2|+|y1-y2|。
  - cv2.DIST_L2：欧氏距离（两点间的直线距离）。
  - cv2.DIST_C：用 2 个点的坐标计算距离，公式为 max(|x1-x2|,|y1-y2|)。
  - cv2.DIST_L12：用 1 个点的坐标计算距离，公式为 2(sqrt(1+x*x/2)-1)。
  - cv2.DIST_FAIR：用 1 个点的坐标计算距离，公式为 c^2(|x|/c-log(1+|x|/c))，c=1.3998。
  - cv2.DIST_WELSCH：用 1 个点的坐标计算距离，公式为 c^2/2(1-exp(-(x/c)^2))，c=2.9846。
  - cv2.DIST_HUBER：用 1 个点的坐标计算距离，公式为|x|<c?x^2/2:c(|x|-c/2)，c=1.345。

- param 为距离参数，与距离类型参数有关；其设置为 0 时，函数将自动选择最优值。
- reps 为计算拟合直线需要的径向精度，通常设置为 0.01。
- aeps 为计算拟合直线需要的角度精度，通常设置为 0.01。

示例代码如下。

```
#test5-15.py：轮廓的拟合直线
import cv2
import numpy as np
img=cv2.imread('shape4.jpg')                                       #读取图像
cv2.imshow('original',img)                                         #显示原图像
gray=cv2.cvtColor(img,cv2.COLOR_BGR2GRAY)                          #将其转换为灰度图像
ret,img2=cv2.threshold(gray,125,255,cv2.THRESH_BINARY)             #二值化阈值处理
c,h=cv2.findContours(img2,cv2.RETR_TREE,cv2.CHAIN_APPROX_SIMPLE)   #计算轮廓
img3=np.zeros(img.shape, np.uint8)+255                             #按原图大小创建一幅白色图像
cv2.drawContours(img3,c,-1,(0,0,255),2)                            #绘制轮廓
rows,cols = img.shape[:2]
[vx,vy,x,y] = cv2.fitLine(c[0], cv2.DIST_L2,0,0.01,0.01)           #计算拟合直线
lefty = int((-x*vy/vx) + y)
righty = int(((cols-x)*vy/vx)+y)
cv2.line(img3,(cols-1,righty),(0,lefty),(255,0,0),2)               #绘制拟合直线
cv2.imshow('FitLine',img3)                                         #显示结果图像
cv2.waitKey(0)                                                     #按任意键结束等待
cv2.destroyAllWindows()                                            #关闭所有窗口
```

程序运行结果如图 5-13 所示，其中（a）为原图，（b）为轮廓（红色）和拟合直线（蓝色）。

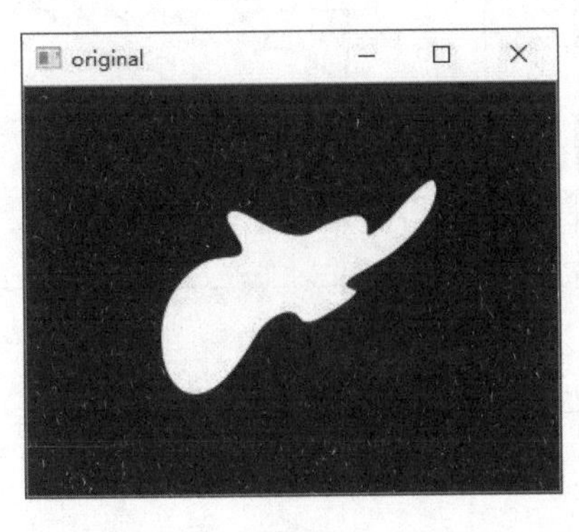

（a）原图

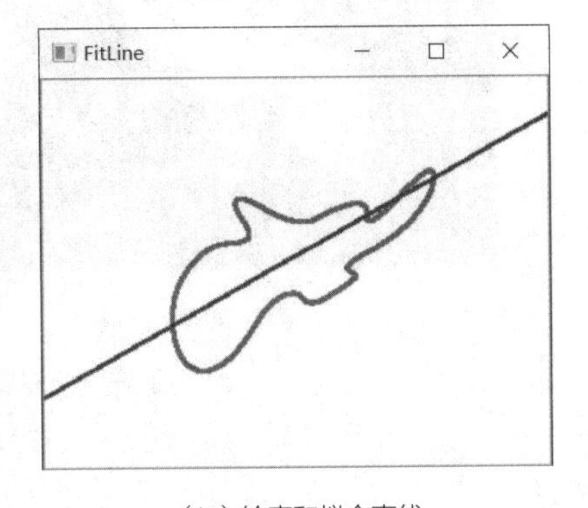

（b）轮廓和拟合直线

图 5-13　轮廓的拟合直线

11. 轮廓的最小外包三角形

cv2.minEnclosingTriangle()函数用于返回可容纳轮廓的最小外包三角形，其基本格式如下。

```
retval,triangle=cv2.minEnclosingTriangle(contour)
```

参数说明如下。

- retval 为最小外包三角形的面积。
- triangle 为最小外包三角形。
- contour 为用于计算最小外包三角形的轮廓。

示例代码如下。

```
#test5-16.py: 轮廓的最小外包三角形
import cv2
import numpy as np
img=cv2.imread('shape4.jpg')                                        #读取图像
cv2.imshow('original',img)                                          #显示原图像
gray=cv2.cvtColor(img,cv2.COLOR_BGR2GRAY)                           #将其转换为灰度图像
ret,img2=cv2.threshold(gray,125,255,cv2.THRESH_BINARY)              #二值化阈值处理
c,h=cv2.findContours(img2,cv2.RETR_TREE,cv2.CHAIN_APPROX_SIMPLE)    #计算轮廓
img3=np.zeros(img.shape, np.uint8)+255                              #按原图大小创建一幅白色图像
cv2.drawContours(img3,c,-1,(0,0,255),2)                             #绘制轮廓
retval,triangle=cv2.minEnclosingTriangle(c[0])                      #计算最小外包三角形
triangle=np.int0(triangle)
cv2.polylines(img3,[triangle],True,(255,0,0),2)                     #绘制最小外包三角形
cv2.imshow('Triangle',img3)                                         #显示结果图像
cv2.waitKey(0)                                                      #按任意键结束等待
cv2.destroyAllWindows()                                             #关闭所有窗口
```

程序运行结果如图 5-14 所示，其中（a）为原图，（b）为轮廓（红色）和最小外包三角形（蓝色）。

扫码看彩图

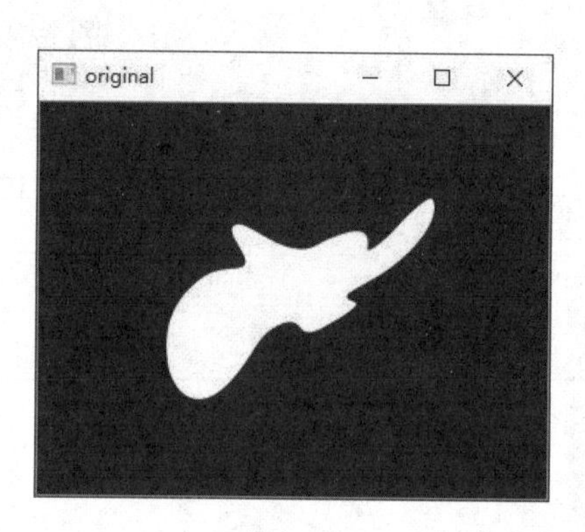

（a）原图

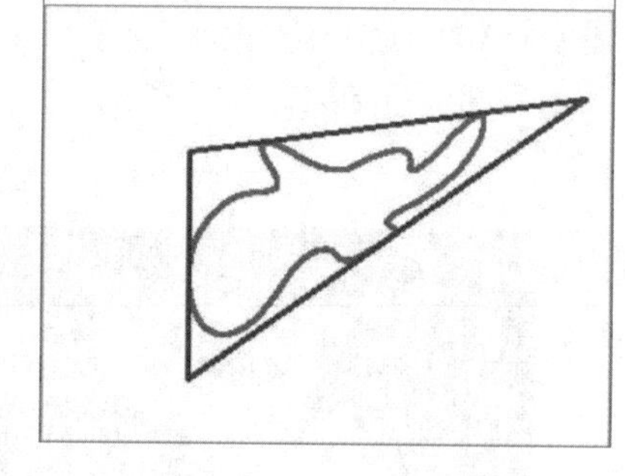

（b）轮廓和最小外包三角形

图 5-14　轮廓的最小外包三角形

5.3 霍夫变换

霍夫变换用于在图像中查找直线和圆等形状。

5.3.1　霍夫直线变换

5.3.1　霍夫直线变换

cv2.HoughLines()函数利用霍夫变换算法检测图像中的直线，其基本格式如下。

```
lines=cv2.HoughLines(image,rho,theta,threshold)
```

参数说明如下。

- lines 为返回的直线。

- image 为原图像，必须是 8 位的单通道二值图像，通常会在霍夫变换之前，对图像执行阈值处理或 Canny 边缘检测。
- rho 为距离的精度（以像素为单位），通常为 1。
- theta 为角度的精度，通常使用 π/180°，表示搜索所有可能的角度。
- threshold 为阈值，值越小，检测出的直线越多。

示例代码如下。

```
#test5-17.py：霍夫直线
import cv2
import numpy as np
img=cv2.imread('shape6.jpg')                          #读取图像
cv2.imshow('original',img)                             #显示原图像
gray=cv2.cvtColor(img,cv2.COLOR_BGR2GRAY)              #将其转换为灰度图像
edges=cv2.Canny(gray,50,150,apertureSize =3)           #执行边缘检测
lines=cv2.HoughLines(edges,1,np.pi/180,150)            #霍夫直线变换
img3=img.copy()
for line in lines:                                     #逐条绘制直线
    rho,theta=line[0]
    a=np.cos(theta)
    b=np.sin(theta)
    x0, y0 = a*rho, b*rho
    pt1 = ( int(x0+1000*(-b)), int(y0+1000*(a)) )     #计算直线端点
    pt2 = ( int(x0-1000*(-b)), int(y0-1000*(a)) )     #计算直线端点
    cv2.line(img3, pt1, pt2, (0,0,255), 2)            #绘制直线
cv2.imshow('HoughLines',img3)                          #显示结果图像
cv2.waitKey(0)                                         #按任意键结束等待
cv2.destroyAllWindows()                                #关闭所有窗口
```

程序运行结果如图 5-15 所示，其中（a）为原图，（b）为绘制了直线后的效果图。

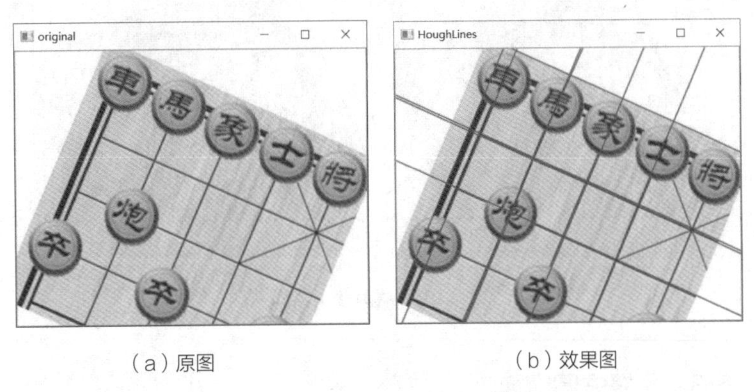

（a）原图　　（b）效果图

图 5-15　霍夫直线

cv2.HoughLinesP()函数利用概率霍夫变换算法来检测图像中的直线，其基本格式如下。

```
lines=cv2.HoughLinesP(image,rho,theta,threshold
                                    [,minLineLength[,maxLineGap]])
```

参数说明如下。

- lines 为返回的直线。

- image 为原图像，必须是 8 位的单通道二值图像，通常会在霍夫变换之前，对图像执行阈值处理或 Canny 边缘检测。
- rho 为距离的精度（以像素为单位），通常为 1。
- theta 为角度的精度，通常使用 π/180°，表示搜索所有可能的角度。
- threshold 为阈值，值越小，检测出的直线越多。
- minLineLength 为可接受的直线的最小长度，默认值为 0。
- maxLineGap 为共线线段之间的最大间隔，默认值为 0。

示例代码如下。

```
#test5-18.py：概率霍夫直线
import cv2
import numpy as np
img=cv2.imread('shape6.jpg')                                    #读取图像
cv2.imshow('original',img)                                      #显示原图像
gray=cv2.cvtColor(img,cv2.COLOR_BGR2GRAY)                       #将其转换为灰度图像
edges = cv2.Canny(gray,50,150,apertureSize =3)                  #执行边缘检测
lines=cv2.HoughLinesP(edges,1,np.pi/180,1,
                minLineLength=100,maxLineGap=10)                #概率霍夫直线变换
img3=img.copy()
for line in lines:                                              #逐条绘制直线
    x1,y1,x2,y2=line[0]
    cv2.line(img3, (x1,y1), (x2,y2), (0,0,255), 2)              #绘制直线
cv2.imshow('HoughLines',img3)                                   #显示结果图像
cv2.waitKey(0)                                                  #按任意键结束等待
cv2.destroyAllWindows()                                         #关闭所有窗口
```

程序运行结果如图 5-16 所示，其中（a）为原图，（b）为绘制了直线后的效果图。

（a）原图

（b）效果图

图 5-16　概率霍夫直线

5.3.2　霍夫圆变换

5.3.2　霍夫圆变换

cv2.HoughCircles()函数利用霍夫变换查找图像中的圆，其基本格式如下。

```
circles=cv2.HoughCircles(image,method,dp,minDist
                                    [param1[,param2[,minRadius[,maxRadius]]]])
```

参数说明如下。

- circles 为返回的圆。

- image 为原图像，必须是 8 位的单通道二值图像。
- method 为查找方法，可设置为 cv2.HOUGH_GRADIENT 和 cv2.HOUGH_GRADIENT_ALT。
- dp 为累加器分辨率，它与图像分辨率成反比。例如，如果 dp=1，则累加器与输入图像的分辨率相同；如果 dp =2，则累加器的宽度和高度是输入图像的一半。
- minDist 为圆心间的最小距离。
- param1 为对应 Canny 边缘检测的高阈值（低阈值是高阈值的一半），默认值为 100。
- param2 为圆心位置必须达到的投票数，值越大，检测出的圆越少，默认值为 100。
- minRadius 为最小圆半径，半径小于该值的圆不会被检测出来。其默认值为 0，此时不起作用。
- maxRadius 为最大圆半径，半径大于该值的圆不会被检测出来。其默认值为 0，此时不起作用。

示例代码如下。

```
#test5-19.py: 霍夫圆
import cv2
import numpy as np
img=cv2.imread('shape6.jpg')                                              #读取图像
cv2.imshow('original',img)                                                #显示原图像
gray=cv2.cvtColor(img,cv2.COLOR_BGR2GRAY)                                 #将其转换为灰度图像
edges=cv2.Canny(gray,50,150,apertureSize =3)                              #执行边缘检测
circles= cv2.HoughCircles(edges,cv2.HOUGH_GRADIENT,1,50,
                          param2=30,minRadius=10,maxRadius=40)            #检测圆
circles = np.uint16(np.around(circles))
img2=img.copy()
for i in circles[0,:]:
    cv2.circle(img2,(i[0],i[1]),i[2],(255,0,0),2)                         #画圆
    cv2.circle(img2,(i[0],i[1]),2,(0,0,255),3)                            #画圆心
cv2.imshow('circles',img2)                                                #显示结果图像
cv2.waitKey(0)                                                            #按任意键结束等待
cv2.destroyAllWindows()                                                   #关闭所有窗口
```

程序运行结果如图 5-17 所示，其中（a）为原图，（b）为绘制了圆后的效果图（圆为蓝色，圆心为红色）。

（a）原图

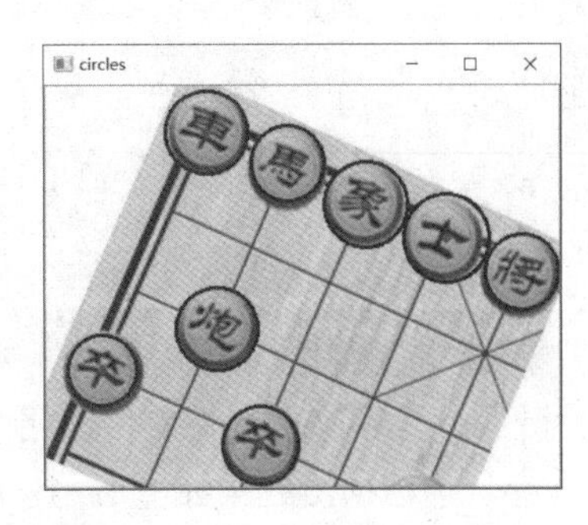

（b）效果图

图 5-17　霍夫圆变换

5.4 实验

5.4.1 实验 1：执行Canny边缘检测

5.4.1 实验 1：执行 Canny 边缘检测

1. 实验目的

使用函数 cv2.Canny()对图像执行 Canny 边缘检测操作。

2. 实验内容

原图如图 5-18 所示，使用函数 cv2.Canny()对其执行边缘检测操作。

图 5-18 边缘检测操作原图

3. 实验过程

具体操作步骤如下。

（1）在 Windows 的“开始”菜单中选择“Python 3.8\IDLE”命令，启动 IDLE 交互环境。

（2）在 IDLE 交互环境中选择“File\New”命令，打开源代码编辑器。

（3）在源代码编辑器中输入下面的代码。

```
#test5-20.py：实验 1 执行 Canny 边缘检测
import cv2
import numpy as np
img=cv2.imread('gate.jpg')                          #读取图像
cv2.imshow('original',img)                          #显示原图像
img2=cv2.Canny(img,100,150)                         #执行边缘检测
cv2.imshow('Canny',img2)                            #显示结果图像
cv2.waitKey(0)                                      #按任意键结束等待
cv2.destroyAllWindows()                             #关闭所有窗口
```

（4）按【Ctrl+S】组合键保存程序文件，将文件命名为 test5-20.py。

（5）按【F5】键运行程序，边缘检测结果如图 5-19 所示。

图 5-19　Canny 边缘检测结果

5.4.2　实验 2：查找和绘制轮廓

5.4.2　实验 2：查找和绘制轮廓

1. 实验目的

掌握查找轮廓和绘制轮廓的基本方法。

2. 实验内容

原图如图 5-18 所示，查找并绘制该图中的轮廓。

3. 实验过程

具体操作步骤如下。

（1）在 Windows 的“开始”菜单中选择“Python 3.8\IDLE”命令，启动 IDLE 交互环境。

（2）在 IDLE 交互环境中选择“File\New”命令，打开源代码编辑器。

（3）在源代码编辑器中输入下面的代码。

```
#test5-21.py：实验 2 查找和绘制轮廓
import cv2
import numpy as np
img=cv2.imread('gate.jpg')                                              #读取图像
cv2.imshow('original',img)                                              #显示原图像
gray=cv2.cvtColor(img,cv2.COLOR_BGR2GRAY)                               #将其转换为灰度图像
ret,img2=cv2.threshold(gray,125,255,cv2.THRESH_BINARY)                  #二值化阈值处理
c,h=cv2.findContours(img2,cv2.RETR_TREE,cv2.CHAIN_APPROX_SIMPLE)        #查找轮廓
img3=np.zeros(img.shape, np.uint8)+255                                  #按原图大小创建一幅白色图像
img3=cv2.drawContours(img3,c,-1,(0,0,255),2)                            #绘制轮廓
cv2.imshow('Contours',img3)                                             #显示轮廓图像
cv2.waitKey(0)                                                          #按任意键结束等待
cv2.destroyAllWindows()                                                 #关闭所有窗口
```

（4）按【Ctrl+S】组合键保存程序文件，将文件命名为 test5-21.py。

（5）按【F5】键运行程序，程序运行结果如图 5-20 所示。

图 5-20　查找和绘制轮廓结果

习　题

1. 选择一幅图像，对其执行 Laplacian 边缘检测。
2. 选择一幅图像，对其执行 Sobel 边缘检测。
3. 选择一幅图像，对其执行 Canny 边缘检测。
4. 选择一幅图像，对其执行查找和绘制轮廓操作。
5. 选择一幅图像，对其执行霍夫直线变换。

第6章 直方图

直方图是一种重要的图像分析工具，它用于描述图像内部的灰度级信息，可直观地反映图像的对比度、亮度、强度分布等特征。本章主要介绍直方图基础、直方图均衡化和二维直方图。

6.1 直方图基础

从统计学的角度来看，直方图用于统计图像内各个灰度级出现的次数。直方图的横坐标表示图像像素的灰度级，纵坐标表示像素灰度级的数量。在使用 OpenCV 处理直方图时，应注意下列 3 个概念。

- RANGE：要统计的灰度级范围。直方图中像素的灰度级范围一般为[0,255]，0 表示黑色，255 表示白色。
- BINS：灰度级的分组数量。在处理直方图时，将灰度级按一定范围进行划分得到的子集数量为 BINS。例如，灰度图像的灰度级范围为[0,255]，按 16 个灰度级分为一组，可分成 16 个子集，则 BINS 为 16。
- DIMS：绘制直方图时采集的参数数量。一般的直方图只采集灰度级，所以 DIMS 为 1。

6.1.1 用 hist()函数绘制直方图

6.1.1 用 hist()函数绘制直方图

matplotlib.pyplot.hist()函数可根据图像绘制直方图，其基本格式如下。

```
matplotlib.pyplot.hist(src,bins)
```

参数说明如下。

- src 为用于绘制直方图的图像数据，必须是一维数组。通常，OpenCV 中的 BGR 图像是三维数组，可用 ravel()函数将其转换为一维数组。
- bins 为灰度级分组数量。

示例代码如下。

```
#test6-1.py：使用 hist()函数绘制直方图
import cv2
import matplotlib.pyplot as plt
img=cv2.imread('gate.jpg')                #读取图像
cv2.imshow('original',img)                #显示原图像
plt.hist(img.ravel(),256)                 #绘制直方图
plt.show()                                #显示直方图
```

程序运行结果如图 6-1 所示，其中左图为原图，右图为直方图。

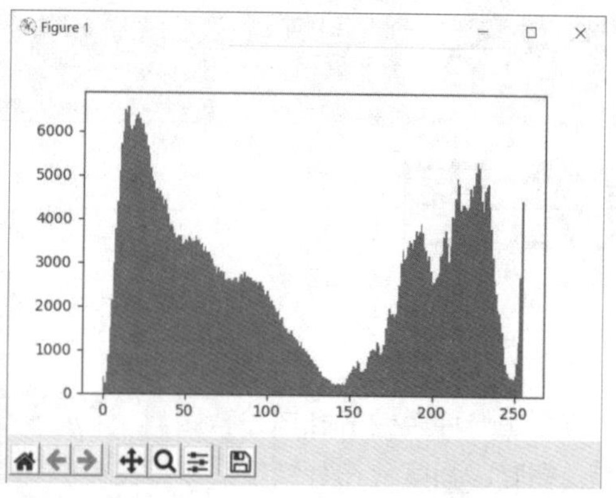

图 6-1　使用 hist()函数绘制直方图

6.1.2　用 calcHist()
函数查找直方图

6.1.2　用 calcHist()函数查找直方图

可使用OpenCV的cv2.calcHist()函数查找直方图，再利用matplotlib.pyplot的 plot()函数绘制直方图。

cv2.calcHist()函数的基本格式如下。

```
hist=cv2.calcHist(image,channels,mask,histSize,ranges)
```

参数说明如下。

- hist 为返回的直方图，是一个一维数组，其大小为 256，保存了原图像中各个灰度级的数量。
- image 为原图像，实际参数需用方括号括起来。
- channels 为通道编号。灰度图像的通道编号为[0]，BGR 图像的通道编号为[0][1][2]。
- mask 为掩模图像，为 None 时统计整个图像，否则统计部分图像。
- histSize 为 BINS 的值，实际参数需用方括号括起来，如[256]。
- ranges 为像素值范围，8 位灰度图像为[0,255]。

示例代码如下。

```
#test6-2.py：查找和绘制直方图
import cv2
import matplotlib.pyplot as plt
img=cv2.imread('gate.jpg')                              #读取图像
cv2.imshow('original',img)                              #显示原图像
histb=cv2.calcHist([img],[0],None,[256],[0,255])        #计算 B 通道直方图
histg=cv2.calcHist([img],[1],None,[256],[0,255])        #计算 G 通道直方图
histr=cv2.calcHist([img],[2],None,[256],[0,255])        #计算 R 通道直方图
plt.plot(histb,color='b')                               #绘制 B 通道直方图，蓝色
plt.plot(histg,color='g')                               #绘制 G 通道直方图，绿色
plt.plot(histr,color='r')                               #绘制 R 通道直方图，红色
plt.show()                                              #显示直方图
```

程序运行结果如图 6-2 所示，其中左图为原图，右图为 3 个通道的直方图。

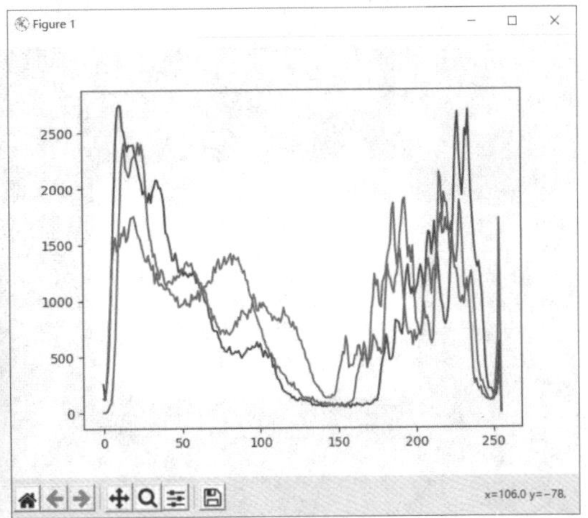

图 6-2　查找和绘制直方图

6.1.3　应用掩模的直方图

6.1.3　应用掩模的直方图

cv2.calcHist()函数的 mask 参数用于指定掩模图像。掩模图像为黑底，其中的白色区域可视为透明区域，将其覆盖到原图像上，原图像中可显示出来的部分为掩模结果图像。指定掩模图像时，calcHist()函数只计算掩模结果图像的直方图。

示例代码如下。

```
#test6-3.py: 应用掩模的直方图
import cv2
import numpy as np
import matplotlib.pyplot as plt
img=cv2.imread('gate.jpg')                                  #读取图像
w,h,d=img.shape
mask=np.zeros((w,h), np.uint8)                              #按原图大小创建一幅黑色图像
w1=np.int0(w/4)
w2=np.int0(w*0.75)
h1=np.int0(h/4)
h2=np.int0(h*0.75)
mask[w1:w2,h1:h2]=255                                       #设置掩模白色区域
cv2.imshow('mask',mask)                                     #显示掩模图像
histb=cv2.calcHist([img],[0],mask,[256],[0,255])            #计算 B 通道直方图
histg=cv2.calcHist([img],[1],mask,[256],[0,255])            #计算 G 通道直方图
histr=cv2.calcHist([img],[2],mask,[256],[0,255])            #计算 R 通道直方图
plt.plot(histb,color='b')                                   #绘制 B 通道直方图，蓝色
plt.plot(histg,color='g')                                   #绘制 G 通道直方图，绿色
plt.plot(histr,color='r')                                   #绘制 R 通道直方图，红色
plt.show()                                                  #显示直方图
```

程序运行结果如图 6-3 所示，其中左图为掩模图像，右图为应用掩模后的直方图。

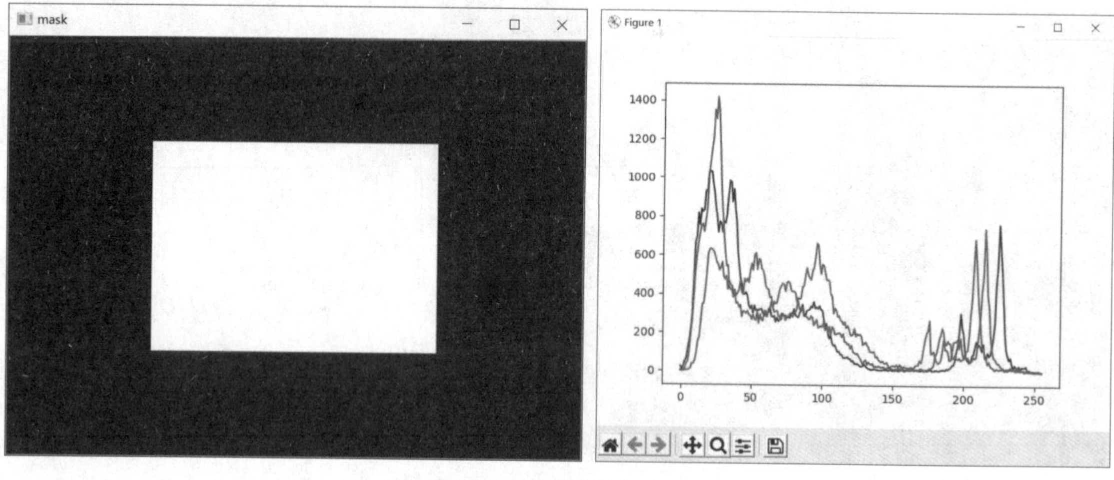

图 6-3　应用掩模的直方图

6.1.4　NumPy 中的直方图

6.1.4　NumPy 中的直方图

NumPy 的 histogram()函数可用于计算直方图，其基本格式如下。

```
hist,bin_edges=np.histogram(src,bins,range)
```

参数说明如下。

- hist 为返回的直方图。
- bin_edges 为返回的灰度级分组数量边界值。
- src 为原图转换成的一维数组。
- bins 为灰度级分组数量。
- range 为像素值范围。

示例代码如下。

```
#test6-4.py: NumPy 中的直方图
import cv2
import numpy as np
import matplotlib.pyplot as plt
img=cv2.imread('gate.jpg')                                   #读取图像
cv2.imshow('original',img)                                   #显示原图像
histb,e1=np.histogram(img[0].ravel(),256,[0,256])            #计算 B 通道直方图
histg,e2=np.histogram(img[1].ravel(),256,[0,256])            #计算 G 通道直方图
histr,e3=np.histogram(img[2].ravel(),256,[0,256])            #计算 R 通道直方图
plt.plot(histb,color='b')                                    #绘制 B 通道直方图，蓝色
plt.plot(histg,color='g')                                    #绘制 G 通道直方图，绿色
plt.plot(histr,color='r')                                    #绘制 R 通道直方图，红色
plt.show()                                                   #显示直方图
```

程序运行结果如图 6-4 所示，其中左图为原图，右图为直方图。

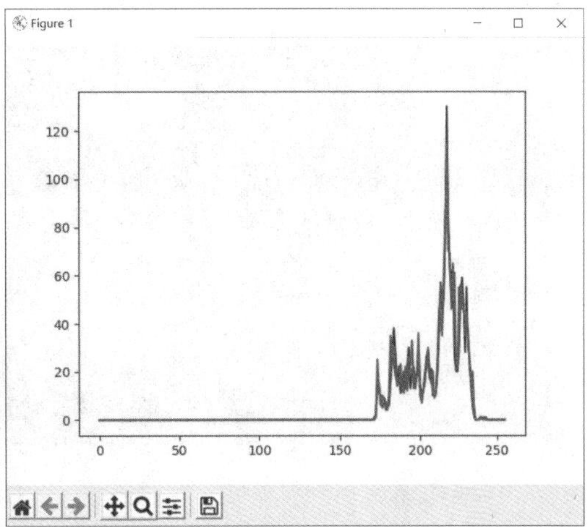

图 6-4　NumPy 中的直方图

6.2 直方图均衡化

直方图均衡化通过调整图像的灰度来提高图像的对比度。

6.2.1 普通直方图均衡化

6.2.1 普通直方图均衡化

普通直方图均衡化主要是指将原图像的灰度级均匀地映射到全部灰度级范围内。OpenCV 的 cv2.equalizeHist(src)函数用于实现普通直方图均衡化，其基本格式如下。

```
dst=cv2.equalizeHist(src)
```

参数说明如下。

- dst 为直方图均衡化后的图像。
- src 为原图像，必须是 8 位的单通道图像。

示例代码如下。

```
#test6-5.py: 直方图均衡化
import cv2
import matplotlib.pyplot as plt
img=cv2.imread('bee.jpg',0)                    #打开灰度图像
cv2.imshow('original',img)                     #显示原图像
plt.figure('原图的直方图')
plt.hist(img.ravel(),256)                      #绘制原直方图
img2=cv2.equalizeHist(img)
cv2.imshow('equalizeHist',img2)                #显示均衡化后的图像
plt.figure('均衡化后的直方图')
plt.hist(img2.ravel(),256)                     #绘制均衡化后图像的直方图
plt.show()                                     #显示直方图
```

程序运行结果如图 6-5 所示。

（a）原图

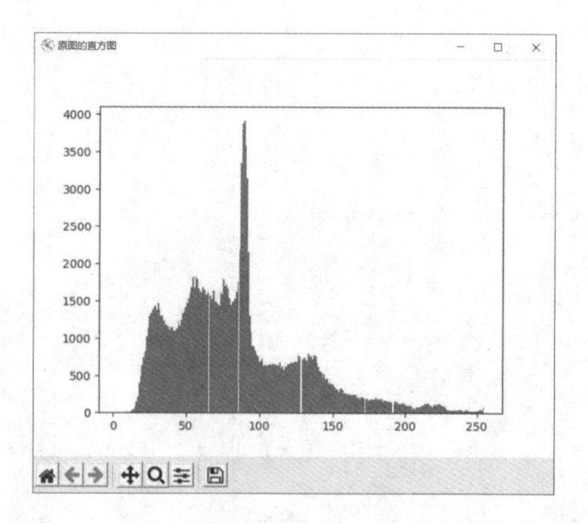

（b）原图的直方图

（c）均衡化后的图像

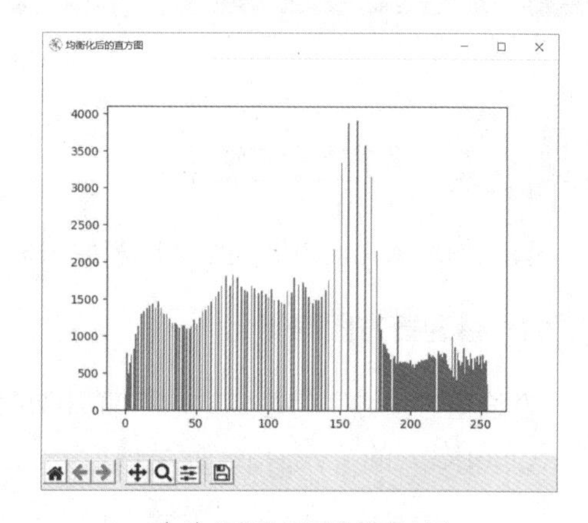

（d）均衡化后图像的直方图

图 6-5　普通直方图均衡化

6.2.2　限制对比度自适应直方图均衡化

6.2.2　限制对比度自适应直方图均衡化

普通直方图均衡化用于对图像全局进行调整，不能有效提高图像的局部对比度。为了提高图像的局部对比度，可将图像分成若干子块，对子块进行直方图均衡化，这就是自适应直方图均衡化。自适应直方图均衡化可能会造成图像的局部对比度过高，从而导致图像失真。为了解决此问题，可对局部对比度进行限制，这就是限制对比度自适应直方图均衡化（Contrast Limited Adaptive Histogram Equalization，CLAHE）。

OpenCV 的 cv2.createCLAHE()函数用于创建 CLAHE 对象，其基本格式如下。

```
retval=cv2.createCLAHE([clipLimit[,tileGridSize]])
```

参数说明如下。

- retval 为返回的 CLAHE 对象。
- clipLimit 为对比度受限的阈值，默认值为 40.0。
- tileGridSize 为直方图均衡化的网格大小，默认值为(8,8)。

调用 CLAHE 对象的 apply()方法，将其应用到图像中进行均衡化。

示例代码如下。

```
#test6-6.py：限制对比度自适应直方图均衡化
import cv2
import matplotlib.pyplot as plt
img=cv2.imread('clahe.jpg',0)                          #打开图像（单通道灰度图像）
cv2.imshow('original',img)                             #显示原图像
img2=cv2.equalizeHist(img)
cv2.imshow('equalizeHist',img2)                        #显示直方图均衡化后的图像
clahe=cv2.createCLAHE(clipLimit=5)                     #创建 CLAHE 对象
img3 = clahe.apply(img)                                #应用 CLAHE 对象
cv2.imshow('CLAHE',img3)                               #显示应用 CLAHE 对象后的图像
cv2.waitKey(0)
```

程序运行结果如图 6-6 所示，对比可知，限制对比度自适应直方图均衡化可比普通直方图均衡化呈现更多的细节。

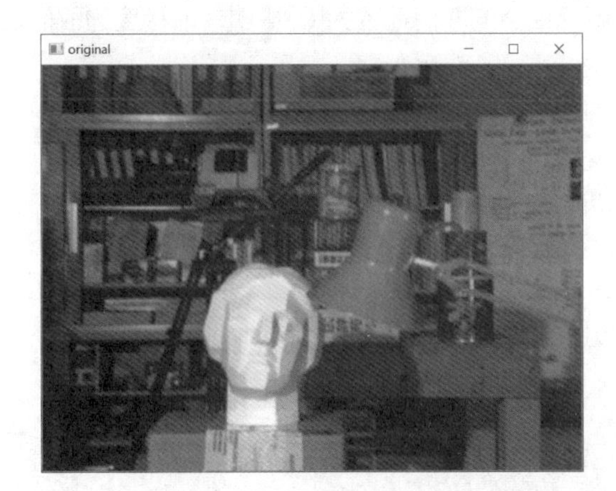

（a）原图

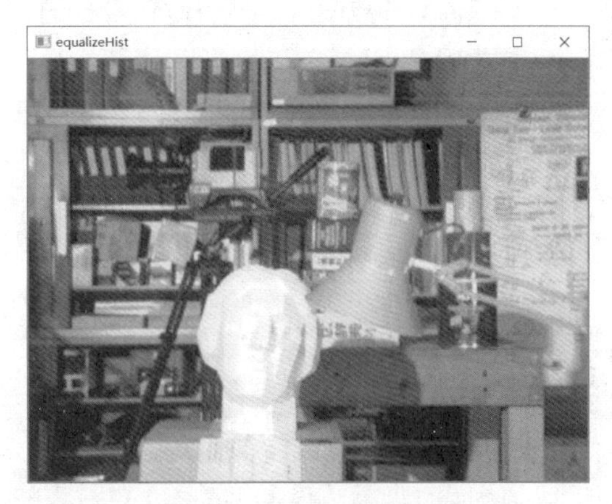

（b）普通直方图均衡化效果

（c）限制对比度自适应直方图均衡化效果

图 6-6　限制对比度自适应直方图均衡化

6.3 二维直方图

前面介绍的直方图只统计像素的灰度值这一个特征，可将其称为一维直方图。本节介绍的二维直方图统计像素的色相和饱和度，用于查找图像的颜色直方图。

6.3.1 OpenCV 中的二维直方图

6.3.1 OpenCV 中的二维直方图

OpenCV 仍使用 cv2.calcHist()函数来查找颜色直方图，只是在指定参数时与之前讲解的有所区别。

- image 参数指定的原图应从 BGR 色彩空间转换为 HSV 色彩空间，实际参数需用方括号括起来。
- channels 参数设置为[0,1]时，表示同时处理色相和饱和度。
- histSize 参数设置 BINS 值为[180,256]时，表示色相为 180，饱和度为 256。
- ranges 参数设置为[0,180,0,256]时，表示色相值的取值范围为[0,180]，饱和度的取值范围为[0,256]。

cv2.calcHist()函数返回的颜色直方图可直接使用 cv2.imshow()函数显示。

示例代码如下。

```
#test6-7.py：OpenCV 中的二维直方图
import cv2
img=cv2.imread('building.jpg')                          #打开图像
cv2.imshow('original',img)                              #显示原图像
img2=cv2.cvtColor(img,cv2.COLOR_BGR2HSV)                #转换色彩空间为 HSV
hist = cv2.calcHist([img2], [0, 1], None,
      [180, 256], [0, 180, 0, 256])                     #计算颜色直方图
cv2.imshow('2Dhist',hist)                               #显示颜色直方图
cv2.waitKey(0)
```

程序运行结果如图 6-7 所示，其中左图为原图，右图为二维直方图。

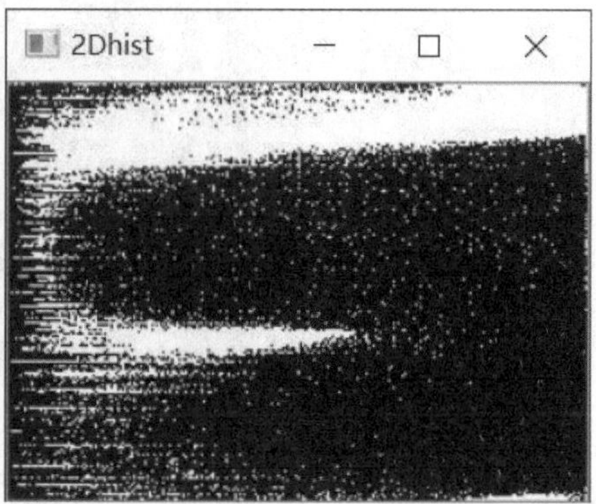

图 6-7　OpenCV 中的二维直方图

cv2.calcHist()函数返回的颜色直方图是一个大小为 180×256 的二维数组，用 cv2.imshow()函数显示时是一幅灰度图像，不能直接显示出颜色的分布情况。

可以使用 matplotlib.pyplot.imshow()函数绘制具有不同颜色的二维直方图，示例代码如下。

```
import matplotlib.pyplot as plt
plt.imshow(hist,interpolation = 'nearest')                #绘制颜色直方图
plt.show()                                                #显示颜色直方图
```

显示的颜色直方图如图 6-8 所示，其中纵坐标为色相，横坐标为饱和度，右图为局部放大效果图。

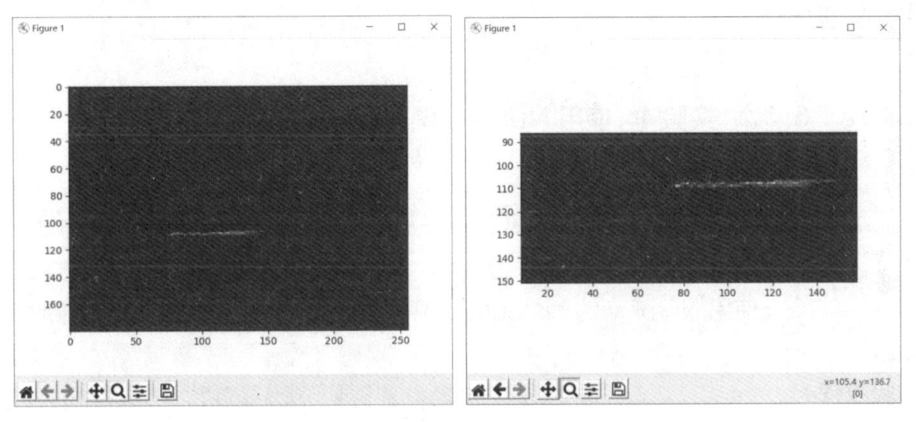

图 6-8　彩色颜色直方图

6.3.2　NumPy 中的二维直方图

6.3.2　NumPy 中的二维直方图

NumPy 的 histogram2D()函数用于计算二维直方图，其基本格式如下。

```
hist,xedges,yedges=np.histogram2D(x,y,bins,range)
```

参数说明如下。

- hist 为返回的直方图。
- xedges 为返回的 x 的直方图的 BINS 边界值。
- yedges 为返回的 y 的直方图的 BINS 边界值。
- x 和 y 为原图对应通道转换成的一维数组。
- bins 为 BINS 的值，如[180,256]。
- range 为像素值范围，格式为“[[0,180],[0,256]]”。

示例代码如下。

```
#test6-8.py：NumPy 中的二维直方图
import cv2
import numpy as np
img=cv2.imread('building.jpg')                  #打开图像
cv2.imshow('original',img)                      #显示原图像
img2=cv2.cvtColor(img,cv2.COLOR_BGR2HSV)        #转换色彩空间为 HSV
h,s,v=cv2.split(img2)
```

```
hist,x,y=np.histogram2d(h.ravel(),s.ravel(),
                [180,256],[[0,180],[0,256]])         #计算颜色直方图
cv2.imshow('2Dhist',hist)                            #显示灰度颜色直方图
import matplotlib.pyplot as plt
plt.imshow(hist,interpolation = 'nearest')           #绘制颜色直方图
plt.show()                                           #显示颜色直方图
cv2.waitKey(0)
```

程序运行结果与图 6-7 和图 6-8 所示的结果相同。

6.4 实验

6.4.1 实验 1：使用 NumPy 函数计算直方图

6.4.1 实验 1：使用 NumPy 函数计算直方图

1. 实验目的

掌握使用 NumPy 函数计算一维直方图和二维直方图的基本方法。

2. 实验内容

使用 NumPy 的 histogram()和 histogram2D()函数计算图像的一维直方图和二维直方图。

3. 实验过程

具体操作步骤如下。

（1）在 Windows 的“开始”菜单中选择“Python 3.8\IDLE”命令，启动 IDLE 交互环境。

（2）在 IDLE 交互环境中选择“File\New”命令，打开源代码编辑器。

（3）在源代码编辑器中输入下面的代码。

```
#test6-9.py：实验 1 使用 NumPy 函数计算直方图
import cv2
import numpy as np
import matplotlib.pyplot as plt
img=cv2.imread('home.jpg')                              #打开图像
plt.figure('程序运行结果')                                #设置窗口标题
imgrgb=cv2.cvtColor(img,cv2.COLOR_BGR2RGB)              #将 BGR 色彩空间转换为 RGB 色彩空间
plt.subplot(2,2,1)                                      #添加子图窗口
plt.imshow(imgrgb)                                      #显示原图像，默认为 RGB 格式
plt.title('original')                                   #设置子图窗口标题
plt.axis('off')                                         #不显示坐标轴
histb,e1=np.histogram(img[0].ravel(),256,[0,256])       #计算 B 通道直方图
histg,e2=np.histogram(img[1].ravel(),256,[0,256])       #计算 G 通道直方图
histr,e3=np.histogram(img[2].ravel(),256,[0,256])       #计算 R 通道直方图
plt.subplot(2,2,2)
plt.plot(histb,color='b')                               #绘制 B 通道直方图，蓝色
plt.plot(histg,color='g')                               #绘制 G 通道直方图，绿色
plt.plot(histr,color='r')                               #绘制 R 通道直方图，红色
plt.title('hist')                                       #设置子图窗口标题
img2=cv2.cvtColor(img,cv2.COLOR_BGR2HSV)                #转换色彩空间为 HSV
h,s,v=cv2.split(img2)
```

```
hist,x,y=np.histogram2d(h.ravel(),s.ravel(),
              [180,256],[[0,180],[0,256]])            #计算颜色直方图
plt.subplot(2,1,2)
plt.title('2Dhist')                                   #设置子图窗口标题
plt.imshow(hist)                                      #绘制颜色直方图
plt.show()                                            #显示颜色直方图
```

（4）按【Ctrl+S】组合键保存程序文件，将文件命名为 test6-9.py。

（5）按【F5】键运行程序，运行结果如图 6-9 所示，图中依次为原图、各通道的一维直方图和二维直方图。

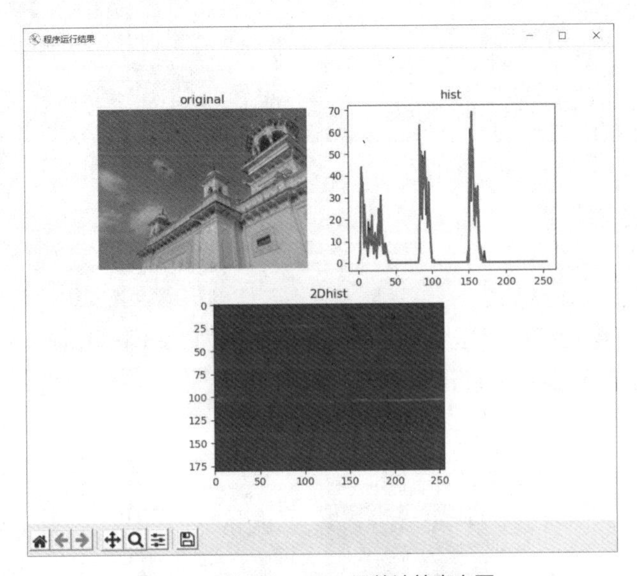

图 6-9　使用 NumPy 函数计算直方图

6.4.2　实验 2：使用 OpenCV 函数计算直方图

6.4.2　实验 2：使用 OpenCV 函数计算直方图

1. 实验目的

掌握使用 OpenCV 函数计算一维直方图和二维直方图的基本方法。

2. 实验内容

使用 OpenCV 的 calcHist()函数计算图像的一维直方图和二维直方图。

3. 实验过程

具体操作步骤如下。

（1）在 Windows 的“开始”菜单中选择“Python 3.8\IDLE”命令，启动 IDLE 交互环境。

（2）在 IDLE 交互环境中选择“File\New”命令，打开源代码编辑器。

（3）在源代码编辑器中输入下面的代码。

```
#test6-10.py：实验 2 使用 OpenCV 函数计算直方图
import cv2
import numpy as np
import matplotlib.pyplot as plt
img=cv2.imread('flower.jpg')                          #打开图像
plt.figure('程序运行结果')                              #设置窗口标题
```

```
imgrgb=cv2.cvtColor(img,cv2.COLOR_BGR2RGB)                  #将 BGR 色彩空间转换为 RGB 色彩空间
plt.subplot(2,2,1)                                          #添加子图窗口
plt.imshow(imgrgb)                                          #显示原图像，默认为 RGB 格式
plt.title('original')                                       #设置子图窗口标题
plt.axis('off')                                             #不显示坐标轴
histb=cv2.calcHist([img],[0],None,[256],[0,255])            #计算 B 通道直方图
histg=cv2.calcHist([img],[1],None,[256],[0,255])            #计算 G 通道直方图
histr=cv2.calcHist([img],[2],None,[256],[0,255])            #计算 R 通道直方图
plt.subplot(2,2,2)
plt.plot(histb,color='b')                                   #绘制 B 通道直方图，蓝色
plt.plot(histg,color='g')                                   #绘制 G 通道直方图，绿色
plt.plot(histr,color='r')                                   #绘制 R 通道直方图，红色
plt.title('hist')                                           #设置子图窗口标题
img2=cv2.cvtColor(img,cv2.COLOR_BGR2HSV)                    #转换色彩空间为 HSV
hist = cv2.calcHist([img2], [0, 1], None,
        [180, 256], [0, 180, 0, 256])                       #计算颜色直方图
plt.subplot(2,1,2)
plt.title('2Dhist')                                         #设置子图窗口标题
plt.imshow(hist)                                            #绘制颜色直方图
plt.show()                                                  #显示颜色直方图
```

（4）按【Ctrl+S】组合键保存程序文件，将文件命名为 test6-10.py。

（5）按【F5】键运行程序，运行结果如图 6-10 所示。

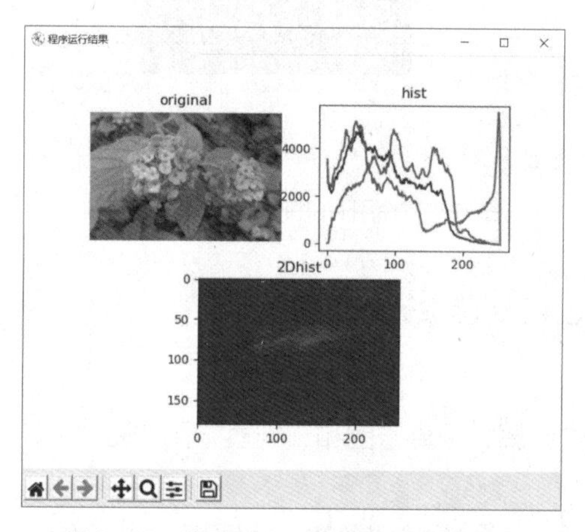

图 6-10　使用 OpenCV 函数计算直方图

习　题

1. 选择一幅图像，用 matplotlib.pyplot.hist()函数绘制其一维直方图。
2. 选择一幅图像，用 cv2.calcHist()函数查找其一维和二维直方图。
3. 选择一幅图像，用 NumPy 函数查找其一维和二维直方图。
4. 选择一幅图像，用普通直方图对该图像进行均衡化。
5. 选择一幅图像，用 CLAHE 对该图像进行均衡化。

第 7 章 模板匹配和图像分割

模板匹配是指在当前图像中查找与目标图像最相近的部分。图像分割是指将前景对象从图像中分割或提取出来。本章主要介绍模板匹配和图像分割的基本方法。

7.1 模板匹配

模板匹配是让模板图像在输入图像中滑动，逐像素遍历整个图像进行比较，查找出与模板图像最匹配的部分。

7.1.1 单目标匹配

7.1.1 单目标匹配

单目标匹配是指输入图像中只存在一个可能匹配结果。

OpenCV 中的 cv2.matchTemplate()函数用于执行匹配操作，其基本格式如下。

```
result = cv2.matchTemplate(image,templ,method)
```

参数说明如下。

- image 为输入图像，必须是 8 位或 32 位浮点类型。
- templ 为模板图像，不能大于 image，且数据类型要和 image 相同。
- method 为匹配方法，匹配方法不同，返回结果会有所不同。可用的匹配方法如下。
  - cv2.TM_SQDIFF：以方差结果为依据进行匹配。完全匹配时结果为 0，否则为一个很大的值。
  - cv2.TM_SQDIFF_NORMED：标准（归一化）方差匹配。
  - cv2.TM_CCORR：相关匹配，将输入图像与模板图像相乘，乘积越大匹配度越高，乘积为 0 时匹配度最低。
  - cv2.TM_CCORR_NORMED：标准（归一化）相关匹配。
  - cv2.TM_CCOEFF：相关系数匹配，将输入图像与其均值的相关值和模板图像与其均值的相关值进行匹配；结果为 1 表示完美匹配，-1 表示糟糕匹配，0 表示没有任何相关性。
  - cv2.TM_CCOEFF_NORMED：标准（归一化）相关系数匹配。
- result 为返回结果，它是一个 numpy.ndarray 对象。若输入图像的大小为 $W\times H$，模板图像大小为 $w\times h$，则 result 的大小为$(W-w+1)\times(H-h+1)$，其中的每个值都表示对应位置的匹配结果。当匹配方法为 cv2.TM_SQDIFF 或 cv2.TM_SQDIFF_NORMED 时，匹配结果值越小说明匹配度越高，反之则说明匹配度越低。当匹配方法为 cv2.TM_CCORR、cv2.TM_CCORR_NORMED、cv2.TM_CCOEFF 或 cv2.TM_CCOEFF_NORMED 时，匹配结果值越小说明匹配度越低，反之则说明匹配度越高。

OpenCV 中的 cv2.minMaxLoc()函数用于处理匹配结果，其基本格式如下。

```
minVal,maxVal,minLoc,maxLoc=cv2.minMaxLoc(src)
```

参数说明如下。

- src 为 cv2.matchTemplate()函数的返回结果。
- minVal 为 src 中的最小值，不存在时可以为 NULL（空值）。
- maxVal 为 src 中的最大值，不存在时可以为 NULL。
- minLoc 为 src 中最小值的位置，不存在时可以为 NULL。
- maxLoc 为 src 中最大值的位置，不存在时可以为 NULL。

示例代码如下。

```
#test7-1.py：单目标匹配
import cv2
import numpy as np
import matplotlib.pyplot as plt
img1=cv2.imread('bee.jpg')                                    #打开输入图像,默认为 BGR 格式
cv2.imshow('original',img1)
temp=cv2.imread('template.jpg')                               #打开模板图像
cv2.imshow('template',temp)
img1gray=cv2.cvtColor(img1,cv2.COLOR_BGR2GRAY,dstCn=1)  #转换为单通道灰度图像
tempgray=cv2.cvtColor(temp,cv2.COLOR_BGR2GRAY,dstCn=1)  #转换为单通道灰度图像
h,w=tempgray.shape                                            #获得模板图像的高度和宽度
res=cv2.matchTemplate(img1gray,tempgray,cv2.TM_SQDIFF) #执行匹配
plt.imshow(res,cmap = 'gray')                                 #以灰度图像格式显示匹配结果
plt.title('Matching Result')
plt.axis('off')
plt.show()                                                    #显示图像
min_val,max_val,min_loc,max_loc=cv2.minMaxLoc(res)     #返回最值和位置
top_left = min_loc                                            #最小值为最佳匹配，获得其位置
bottom_right = (top_left[0] + w, top_left[1] + h)      #获得匹配范围的右下角位置
cv2.rectangle(img1,top_left, bottom_right,(255,0,0), 2)#绘制匹配范围,蓝色边框
cv2.imshow('Detected Range',img1)
cv2.waitKey(0)
```

程序运行结果如图 7-1 所示，其中（a）为原图，（b）为模板图像，（c）为匹配结果，（d）中的矩形中为原图中的匹配结果位置。本例采用了 cv2.TM_SQDIFF 作为匹配方法，cv2.matchTemplate()函数返回的匹配结果中，值越小匹配度越高。图（c）用灰度图像格式显示匹配结果，所以图中颜色越深的位置匹配度越高。

（a）原图

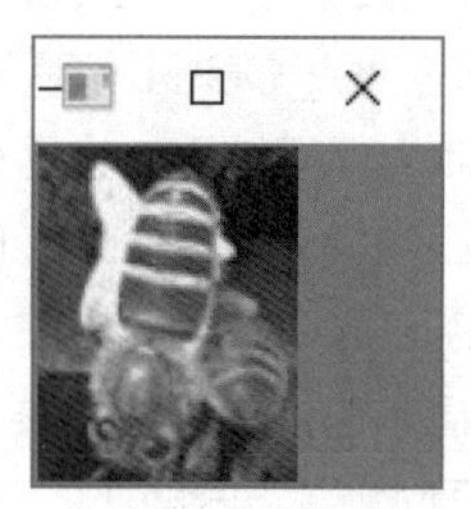

（b）模板图像

图 7-1　单目标匹配

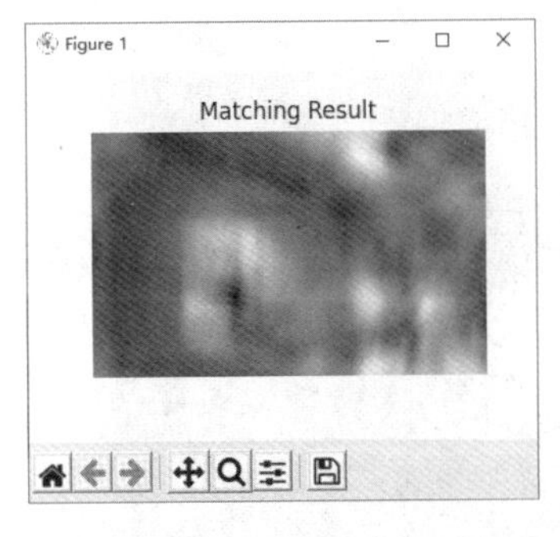

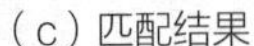
（c）匹配结果

（d）矩形表示匹配结果位置

图 7-1　单目标匹配（续）

7.1.2　多目标匹配

7.1.2　多目标匹配

多目标匹配是指输入图像中存在多个可能的匹配结果。在使用 cv2.matchTemplate()函数执行了匹配操作后，根据匹配方法设置阈值，匹配结果中低于或者高于阈值的就是符合条件的匹配目标。

示例代码如下。

```
#test7-2.py：多目标匹配
import cv2
import numpy as np
import matplotlib.pyplot as plt
img1=cv2.imread('bee2.jpg')                                      #打开输入图像,默认为 BGR 格式
temp=cv2.imread('template.jpg')                                  #打开模板图像
img1gray=cv2.cvtColor(img1,cv2.COLOR_BGR2GRAY,dstCn=1)           #转换为单通道灰度图像
tempgray=cv2.cvtColor(temp,cv2.COLOR_BGR2GRAY,dstCn=1)           #转换为单通道灰度图像
th,tw=tempgray.shape                                             #获得模板图像的高度和宽度
img1h,img1w=img1gray.shape
res = cv2.matchTemplate(img1gray,tempgray,cv2.TM_SQDIFF_NORMED)  #执行匹配操作
mloc=[]                                                          #用于保存符合条件的匹配位置
threshold = 0.24                                                 #设置匹配度阈值
for i in range(img1h-th):                                        #查找符合条件的匹配结果位置
    for j in range(img1w-tw):
        if res[i][j]<=threshold:                                 #保存小于阈值的匹配位置
            mloc.append((j,i))
for pt in mloc:
    cv2.rectangle(img1,pt,(pt[0]+tw,pt[1]+th),(255,0,0),2)       #标注匹配位置，蓝色
cv2.imshow('result',img1)                                        #显示结果
cv2.waitKey(0)
```

程序运行结果如图 7-2 所示，图中用矩形标注了匹配目标。本例采用的模块匹配方法是 cv2.TM_SQDIFF_NORMED，匹配结果值越小匹配度越高，所以在程序中先找出小于匹配度阈值的匹配结果位置，然后在原图中用矩形标出位置。在调试程序时，可通过调整匹配度阈值（threshold = 0.24）来获得满意的结果。

图 7-2　多目标匹配

7.2 图像分割

本节介绍使用分水岭算法和图像金字塔对图像进行分割的方法。

7.2.1　使用分水岭算法分割图像

7.2.1　使用分水岭算法分割图像

分水岭算法的基本原理为：将任意的灰度图像视为地形图表面，其中灰度值高的部分表示山峰和丘陵，而灰度值低的部分表示山谷。用不同颜色的水（标签）填充每个独立的山谷（局部最小值）；随着水平面的上升，来自不同山谷（具有不同颜色）的水将开始合并。为了避免出现这种情况，需要在水的汇合位置建造水坝；持续填充水和建造水坝，直到所有山峰和丘陵都在水下。整个过程中建造的水坝将作为图像分割的依据。

使用分水岭算法执行图像分割操作时通常包含下列步骤。

（1）将原图像转换为灰度图像。

（2）应用形态变换中的开运算和膨胀操作，去除图像噪声，获得图像边缘信息，确定图像背景。

（3）进行距离转换，再进行阈值处理，确定图像前景。

（4）确定图像的未知区域（用图像的背景减去前景的剩余部分）。

（5）标记背景图像。

（6）执行分水岭算法分割图像。

1. cv2.distanceTransform()函数

OpenCV 中的 cv2.distanceTransform()函数用于计算非 0 值像素点到 0 值（背景）像素点的距离，其基本格式如下。

```
dst=cv2.distanceTransform(src,distanceType,maskSize[,dstType])
```

参数说明如下。

- dst 为返回的距离转换结果图像。

- src 为原图像，必须是 8 位单通道二值图像。
- distanceType 为距离类型。
- maskSize 为掩模的大小，可设置为 0、3 或 5。
- dstType 为返回的图像类型，默认为 CV_32F（32 位浮点数）。

下面的示例使用中国象棋图片演示如何实现距离转换。中华优秀传统文化源远流长、博大精深，是中华文明的智慧结晶，中国象棋是其优秀代表之一，感兴趣的读者可扫二维码了解中国象棋的详细内容。

示例代码如下。

```
#test7-3.py：距离转换
import cv2
import numpy as np
img=cv2.imread('qizi.jpg')
cv2.imshow('original',img)                                  #显示原图
gray=cv2.cvtColor(img,cv2.COLOR_BGR2GRAY)                   #转换为灰度图
ret,imgthresh=cv2.threshold(gray,0,255,
                    cv2.THRESH_BINARY_INV+cv2.THRESH_OTSU)  #Otsu 算法阈值处理
kernel=np.ones((3,3),np.uint8)                              #定义形态变换卷积核
imgopen=cv2.morphologyEx(imgthresh,cv2.MORPH_OPEN,
                          kernel,iterations=2)              #形态变换：开运算
imgdist=cv2.distanceTransform(imgopen,cv2.DIST_L2,5)        #距离转换
cv2.imshow('distance',imgdist)                              #显示距离转换结果
cv2.waitKey(0)
```

程序运行结果如图 7-3 所示，其中左图为原图，右图为距离转换结果图。

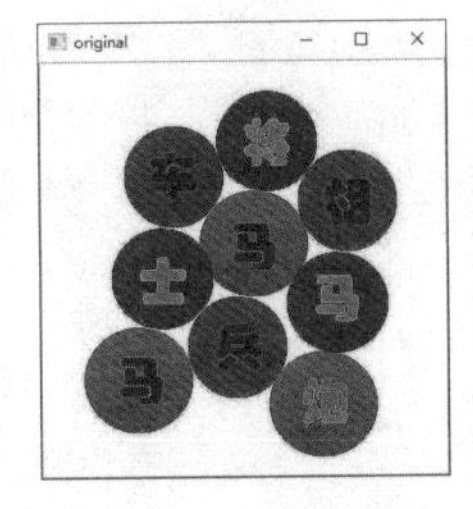

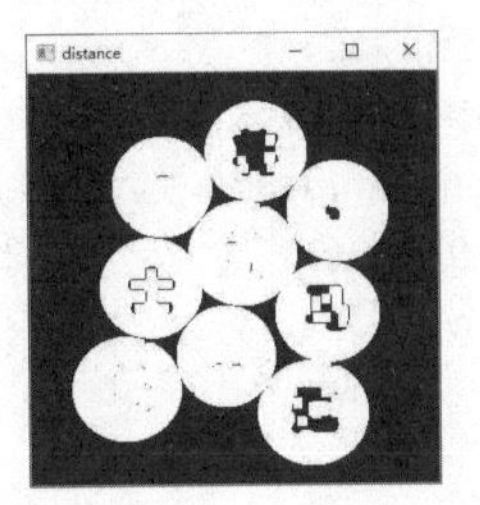

图 7-3　距离转换

2. cv2.connectedComponents()函数

OpenCV 中的 cv2.connectedComponents()函数用于将图像中的背景标记为 0，将其他图像标记为从 1 开始的整数，其基本格式如下。

```
ret,labels=cv2.connectedComponents(image[,connectivity[,ltype]])
```

参数说明如下。

- labels 为返回的标记结果图像，和 image 大小相同。
- image 为要标记的 8 位单通道图像。
- connectivity 为 4 或 8（默认值），表示连接性。
- ltype 为返回的标记结果图像的类型。

示例代码如下。

```
ret,imgfg=cv2.threshold(imgdist,
                 0.7*imgdist.max(),255,2)          #对距离转换结果进行阈值处理
imgfg=np.uint8(imgfg)                              #转换为整数
ret,markers=cv2.connectedComponents(imgfg)         #标记阈值处理结果
```

3. cv2.watershed()函数

OpenCV 中的 cv2.watershed()函数用于执行分水岭算法分割图像，其基本格式如下。

```
ret=cv2.watershed(image,markers)
```

参数说明如下。

- ret 为返回的 8 位或 32 位单通道图像。
- image 为输入的 8 位 3 通道图像。
- markers 为输入的 32 位单通道图像。

示例代码如下。

```
#test7-4.py：使用分水岭算法分割图像
import cv2
import numpy as np
import matplotlib.pyplot as plt
img=cv2.imread('qizi.jpg')
gray=cv2.cvtColor(img,cv2.COLOR_BGR2GRAY)                  #转换为灰度图
ret,imgthresh=cv2.threshold(gray,0,255,
          cv2.THRESH_BINARY_INV+cv2.THRESH_OTSU)           #Otsu 算法阈值处理
kernel=np.ones((3,3),np.uint8)                             #定义形态变换卷积核
imgopen=cv2.morphologyEx(imgthresh,cv2.MORPH_OPEN,
          kernel,iterations=2)                             #形态变换：开运算
imgbg=cv2.dilate(imgopen,kernel,iterations=3)              #膨胀操作，确定背景
imgdist=cv2.distanceTransform(imgopen,cv2.DIST_L2,0)       #距离转换
ret,imgfg=cv2.threshold(imgdist,
                 0.7*imgdist.max(),255,2)                  #对距离转换结果进行阈值处理
imgfg=np.uint8(imgfg)                                      #转换为整数，获得前景图像
ret,markers=cv2.connectedComponents(imgfg)                 #标记阈值处理结果
unknown= cv2.subtract(imgbg,imgfg)                         #确定位置未知区域
markers=markers+1                                          #加 1 使背景不为 0
markers[unknown==255]=0                                    #将未知区域设置为 0
imgwater=cv2.watershed(img,markers)                        #执行分水岭算法分割图像
plt.imshow(imgwater)                                       #以灰度图像格式显示匹配结果
plt.title('watershed')
plt.axis('off')
plt.show()
img[imgwater==-1]=[0,255,0]                                #将原图中的被标记点设置为绿色
cv2.imshow('watershed',img)                                #显示分割结果
cv2.waitKey(0)
```

程序运行结果如图 7-4 所示，其中左图为分水岭算法返回的结果图像，右图为在原图中标记的分割结果（绿色为分割线）。

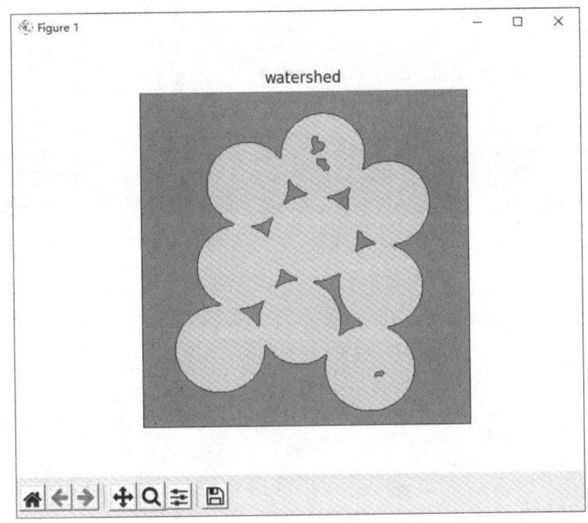

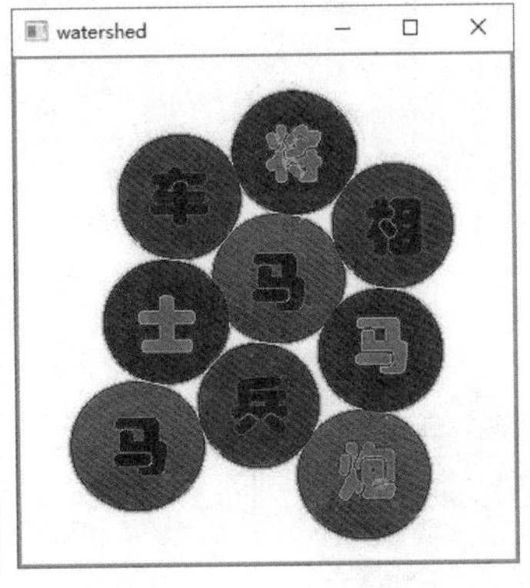

图 7-4　使用分水岭算法分割图像

7.2.2　图像金字塔

图像金字塔从分辨率的角度分析处理图像。图像金字塔的底部为原始图像，对原始图像进行梯次向下采样，得到金字塔的其他各层图像。层次越高，分辨率越低，图像越小。通常，每向上一层，图像的宽度和高度就为下一层的一半。常见的图像金字塔可分为高斯金字塔和拉普拉斯金字塔。

高斯金字塔有向下和向上两种采样方式。向下采样时，原始图像为第 0 层，第 1 次向下采样的结果为第 1 层，第 2 次向下采样的结果为第 2 层，依此类推。每次采样图像的高度和宽度都减小为原来的一半，所有的图层构成高斯金字塔。向上采样的过程和向下采样相反，每次采样图像的高度和宽度都扩大为原来的二倍。

1. 高斯金字塔向下采样

OpenCV 中的 cv2.pyrDown()函数用于执行高斯金字塔构造的向下采样步骤，其基本格式如下。

```
ret=cv2.pyrDown(image[,dstsize[,borderType]])
```

参数说明如下。

- ret 为返回的结果图像，类型和输入图像相同。
- image 为输入图像。
- dstsize 为结果图像大小。
- borderType 为边界值类型。

示例代码如下。

```
#test7-5.py：高斯金字塔向下采样
import cv2
img0=cv2.imread('qizi.jpg')
img1=cv2.pyrDown(img0)                    #第 1 次采样
img2=cv2.pyrDown(img1)                    #第 2 次采样
cv2.imshow('img0',img0)                   #显示第 0 层
cv2.imshow('img1',img1)                   #显示第 1 层
```

```
cv2.imshow('img2',img2)                    #显示第 2 层
print('0 层形状：',img0.shape)              #输出图像形状
print('1 层形状：',img1.shape)              #输出图像形状
print('2 层形状：',img2.shape)              #输出图像形状
cv2.waitKey(0)
```

程序运行结果如图 7-5 所示。

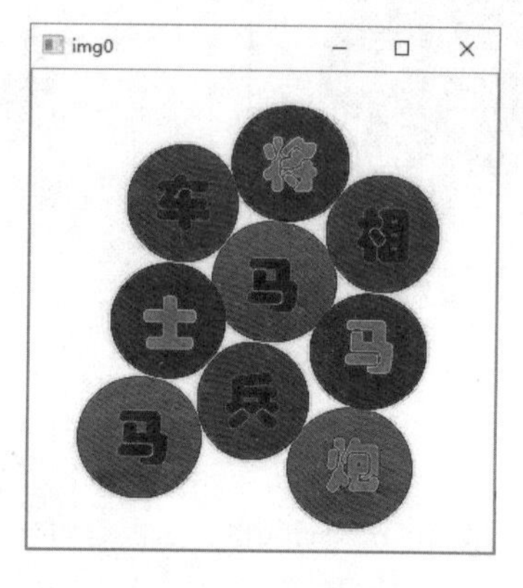

（a）原图

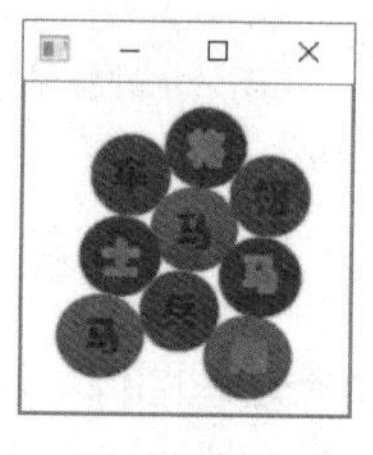

（b）第 1 次采样

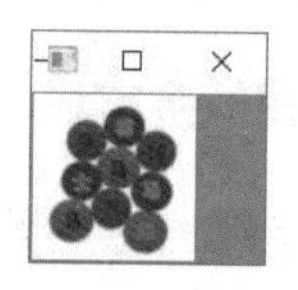

（c）第 2 次采样

图 7-5　高斯金字塔向下采样

程序输出结果如下。

```
0 层形状：  (360, 320, 3)
1 层形状：  (180, 160, 3)
2 层形状：  (90, 80, 3)
```

从输出结果可以看出，每次采样图像的高度和宽度都减小为原来的一半。

2. 高斯金字塔向上采样

OpenCV 中的 cv2.pyrUp()函数用于执行高斯金字塔构造的向上采样步骤，其基本格式如下。

```
ret=cv2.pyrUp(image[,dstsize[,borderType]])
```

参数说明如下。

- ret 为返回的结果图像，类型和输入图像相同。
- image 为输入图像。
- dstsize 为结果图像大小。
- borderType 为边界值类型。

示例代码如下。

```
#test7-6.py：高斯金字塔向上采样
import cv2
img0=cv2.imread('qizi2.jpg')
img1=cv2.pyrUp(img0)                      #第 1 次采样
img2=cv2.pyrUp(img1)                      #第 2 次采样
cv2.imshow('img0',img0)                   #显示第 0 层
cv2.imshow('img1',img1)                   #显示第 1 层
```

```
cv2.imshow('img2',img2)                    #显示第 2 层
print('0 层形状: ',img0.shape)              #输出图像形状
print('1 层形状: ',img1.shape)              #输出图像形状
print('2 层形状: ',img2.shape)              #输出图像形状
cv2.waitKey(0)
```

程序运行结果如图 7-6 所示。

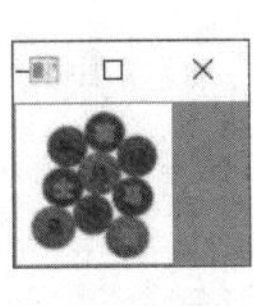

（a）原图

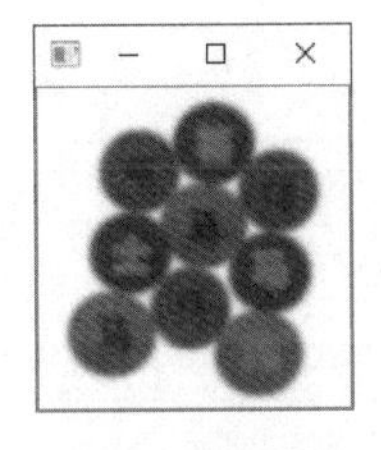

（b）第 1 次采样

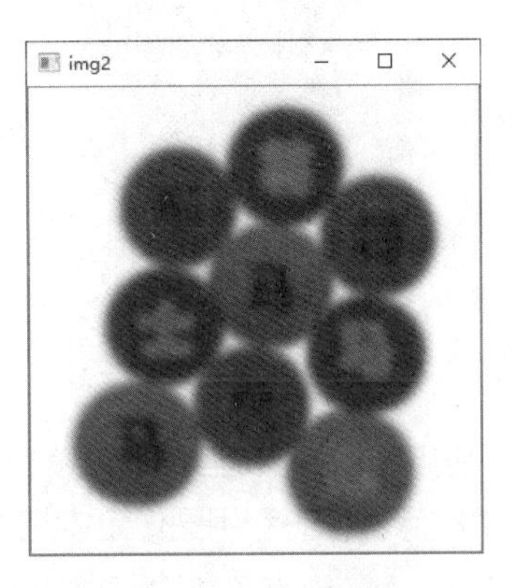

（c）第 2 次采样

图 7-6　高斯金字塔向上采样

程序输出结果如下。

```
0 层形状: (80, 80, 3)
1 层形状: (160, 160, 3)
2 层形状: (320, 320, 3)
```

从输出结果可以看出，每次采样图像的高度和宽度都扩大为原来的两倍。

3. 拉普拉斯金字塔

拉普拉斯金字塔的第 *n* 层是该层高斯金字塔图像减去第 *n*+1 层向上采样结果获得的图像。示例代码如下。

```
#test7-7.py: 拉普拉斯金字塔
import cv2
img0=cv2.imread('qizi.jpg')
img1=cv2.pyrDown(img0)                              #第 1 次采样
img2=cv2.pyrDown(img1)                              #第 2 次采样
img3=cv2.pyrDown(img2)                              #第 3 次采样
imgL0= cv2.subtract(img0,cv2.pyrUp(img1))           #拉普拉斯金字塔第 0 层
imgL1= cv2.subtract(img1,cv2.pyrUp(img2) )          #拉普拉斯金字塔第 1 层
imgL2= cv2.subtract(img2,cv2.pyrUp(img3) )          #拉普拉斯金字塔第 2 层
cv2.imshow('imgL0',img0)                            #显示第 0 层
cv2.imshow('imgL1',img1)                            #显示第 1 层
cv2.imshow('imgL2',img2)                            #显示第 2 层
cv2.waitKey(0)
```

程序运行结果如图 7-7 所示，其中，（a）为第 0 层，（b）为第 1 层，（c）为第 2 层。

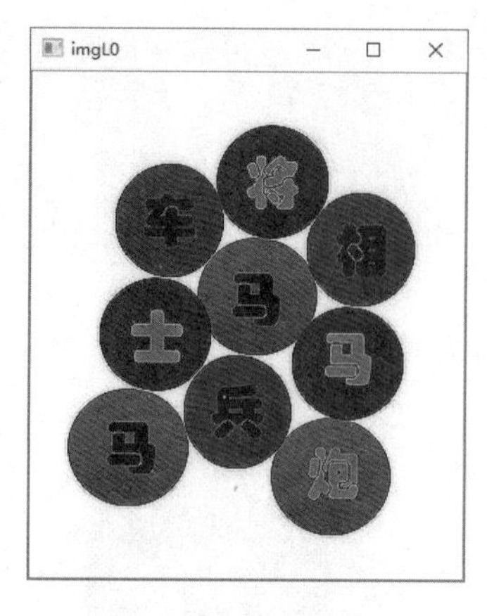

（a）第 0 层

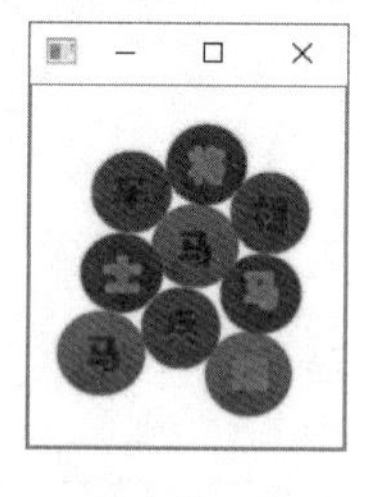
（b）第 1 层

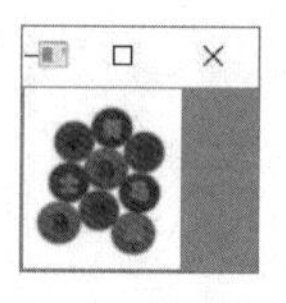
（c）第 2 层

图 7-7　拉普拉斯金字塔

4. 应用图像金字塔实现图像的分割和融合

下面的示例代码利用图像金字塔将两幅图像的左、右两半拼接在一起。

```
#test7-8.py：应用图像金字塔实现图像的分割和融合
import cv2
img1 = cv2.imread('jiang1.jpg')
img2 = cv2.imread('jiang2.jpg')
#生成图像 1 的高斯金字塔，向下采样 6 次
img = img1.copy()
img1Gaus = [img]
for i in range(6):
    img = cv2.pyrDown(img)
    img1Gaus.append(img)
#生成图像 2 的高斯金字塔，向下采样 6 次
img = img2.copy()
img2Gaus = [img]
for i in range(6):
    img = cv2.pyrDown(img)
    img2Gaus.append(img)
#生成图像 1 的拉普拉斯金字塔，6 层
img1Laps = [img1Gaus[5]]
for i in range(5,0,-1):
    img = cv2.pyrUp(img1Gaus[i])
    lap = cv2.subtract(img1Gaus[i-1],img)      #两个图像大小不同时，做减法会出错
    img1Laps.append(lap)
#生成图像 2 的拉普拉斯金字塔，6 层
img2Laps = [img2Gaus[5]]
for i in range(5,0,-1):
    img = cv2.pyrUp(img2Gaus[i])
    lap = cv2.subtract(img2Gaus[i-1],img)
    img2Laps.append(lap)
#拉普拉斯金字塔拼接：图像 1 每层的左半部分和图像 2 每层的右半部分拼接
```

```
imgLaps = []
for la,lb in zip(img1Laps,img2Laps):
    rows,cols,dpt = la.shape
    ls=la.copy()
    ls[:,int(cols/2):]=lb[:,int(cols/2):]
    imgLaps.append(ls)
#从拉普拉斯金字塔恢复图像
img = imgLaps[0]
for i in range(1,6):
    img = cv2.pyrUp(img)
    img = cv2.add(img, imgLaps[i])
#图像 1 原图像的左半部分和图像 2 原图像的右半部分直接拼接
direct = img1.copy()
direct[:,int(cols/2):]=img2[:,int(cols/2):]
cv2.imshow('Direct',direct)              #显示直接拼接结果
cv2.imshow('Pyramid',img)                #显示图像金字塔拼接结果
cv2.waitKey(0)
```

程序运行结果如图 7-8 所示，其中左图为直接拼接结果，右图为图像金字塔拼接结果。

图 7-8　图像的分割和融合

提示　**本例中生成了图像的 6 层拉普拉斯金字塔，应注意图像的宽度和高度应该是 64（2^6）的整数倍，否则会导致图像的向上采样和向下采样得到的对应层的图像大小不同，从而导致计算拉普拉斯金字塔出错。**

7.3 交互式前景提取

交互式前景提取的基本原理如下。

首先，用一个矩形指定要提取的前景所在的大致范围，然后执行前景提取算法，得到初步结果。初步结果中包含的前景可能并不理想，存在前景未提取完整或者背景被处理为前景等问题。此时需要人工干预（体现交互），用户需要复制原图像作为掩模图像，在其中用白色标注要提取的前景区域，用黑色标注背景区域，标注并不需要很精确。然后，使用掩模图像执行前景提取算法，从而获得理

想的提取结果。

OpenCV 中的 cv2.grabCut()函数用于实现前景提取，其基本格式如下。

```
mask2,bgdModel,fgdModel = cv2.grabCut(img,mask1,rect,
                                      bgdModel,fgdModel,iterCount[,mode])
```

参数说明如下。

- mask1 为输入的 8 位单通道掩模图像，用于指定图像的哪些区域可能是背景或前景。
- mask2 为输出的掩模图像，其中的 0 表示确定的背景，1 表示确定的前景，2 表示可能的背景，3 表示可能的前景。
- bgdModel 和 fgdModel 为用于内部计算的临时数组，需定义为大小是 1×65 的 np.float64 类型的数组，数组元素值均为 0。
- img 为输入的 8 位 3 通道图像。
- rect 为矩形坐标，格式为“(左上角的横坐标 *x*,左上角的纵坐标 *y*,宽度,高度)”。要提取的前景图像在矩形内部，将矩形的外部视为背景。mode 参数设置为使用矩形模板时，rect 参数才有效。
- iterCount 为迭代次数。
- mode 为前景提取模式，可设置为下列值。
  - cv2.GC_INIT_WITH_RECT：使用矩形模板。
  - cv2.GC_INIT_WITH_MASK：使用自定义模板。
  - cv2.GC_EVAL：使用修复模式。
  - cv2.GC_EVAL_FREEZE_MODEL：使用固定模式。

示例代码如下。

```
#test7-9.py：交互式前景提取 1
import cv2
import numpy as np
img = cv2.imread('hehua.jpg')
cv2.imshow('original',img)
mask = np.zeros(img.shape[:2],np.uint8)                    #定义与原图大小相同的掩模图像
bg = np.zeros((1,65),np.float64)
fg = np.zeros((1,65),np.float64)
rect = (50,50,400,300)                                     #根据原图设置包含前景的矩形大小
cv2.grabCut(img,mask,rect,bg,fg,5,cv2.GC_INIT_WITH_RECT) #提取前景
#将返回的掩模图像中像素值为 0 或 2 的像素设置为 0（确认为背景）
#将所有像素值为 1 或 3 的像素设置为 1（确认为前景）
mask2 = np.where((mask==2)|(mask==0),0,1).astype('uint8')
img = img*mask2[:,:,np.newaxis]                            #将掩模图像与原图像相乘，获得分割出来的前景图像
cv2.imshow('grabCut',img)                                  #显示获得的前景
cv2.waitKey(0)
```

程序运行结果如图 7-9 所示，其中左图为原图，右图为提取出来的前景。

本例提取前景时使用的掩模图像的元素值全为 0，这等同于未使用掩模图像，只根据设置的矩形区域提取前景。从图 7-9 所示的结果可以看出，部分背景作为前景被提取出来了。

图 7-9　未人工干预时提取出前景

为了获得更好的提取结果，首先在系统中复制原图像，再使用绘图工具在其中用黑白两种颜色标注前景和背景，最后修改前面的代码，执行两次前景提取，示例代码如下。

```
#test7-10.py：交互式前景提取 2
import cv2
import numpy as np
img = cv2.imread('hehua.jpg')
mask = np.zeros(img.shape[:2],np.uint8)                    #定义原始掩模图像
bg = np.zeros((1,65),np.float64)
fg = np.zeros((1,65),np.float64)
rect = (50,50,400,300)                                     #根据原图设置包含前景的矩形大小
cv2.grabCut(img,mask,rect,bg,fg,5,
                          cv2.GC_INIT_WITH_RECT)           #第 1 次提取前景，矩形模式
imgmask = cv2.imread('hehua2.jpg')                         #读取已标注的掩模图像
cv2.imshow('mask image',imgmask)
mask2 = cv2.cvtColor(imgmask,cv2.COLOR_BGR2GRAY,dstCn=1)   #转换为单通道灰度图像
mask[mask2==0]=0                        #将掩模图像中黑色像素对应的原始掩模像素设置为 0
mask[mask2==255]=1                      #将掩模图像中白色像素对应的原始掩模像素设置为 1
cv2.grabCut(img,mask,None,bg,fg,5,
                          cv2.GC_INIT_WITH_MASK)           #第 2 次提取前景，掩模模式
#将返回的掩模图像中像素值为 0 或 2 的像素设置为 0（确认为背景）
#将所有像素值为 1 或 3 的像素设置为 1（确认为前景）
mask2 = np.where((mask==2)|(mask==0),0,1).astype('uint8')
img = img*mask2[:,:,np.newaxis]         #将掩模图像与原图像相乘获得分割出来的前景图像
cv2.imshow('grabCut',img)               #显示获得的前景
cv2.waitKey(0)
```

程序运行结果如图 7-10 所示，其中左图为标注了背景和前景的掩模图像，右图为使用了掩模图像后提取出来的前景。

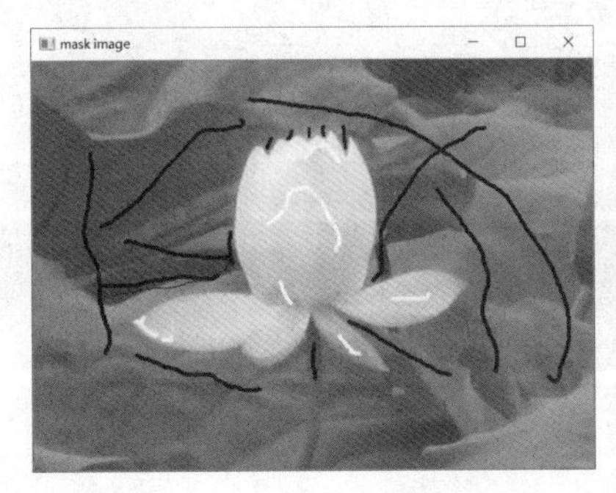

图 7-10　人工干预后提取前景

7.4 实验

7.4.1　实验 1：使用模板匹配查找图像

7.4.1　实验 1：使用模板匹配查找图像

1. 实验目的

掌握使用 cv2.matchTemplate()函数查找图像的基本方法。

2. 实验内容

本例使用京剧脸谱图片演示如何使用模板匹配查找图像，如图 7-11 所示。图 7-11（a）为原图像，图 7-11（b）为模板图像，原图像中的红色方框显示了查找出的模板图像的位置。京剧是中华优秀传统文化之一，京剧脸谱则是京剧的一大特色，感兴趣的读者可扫二维码了解京剧脸谱的更多内容。

（a）原图像

（b）模板图像

图 7-11　使用模板匹配查找图像

京剧脸谱

3. 实验过程

具体操作步骤如下。

（1）在 Windows 的“开始”菜单中选择“Python 3.8\IDLE”命令，启动 IDLE 交互环境。

（2）在 IDLE 交互环境中选择“File\New”命令，打开源代码编辑器。

（3）在源代码编辑器中输入下面的代码。

```
#test7-11.py：实验 1 使用模板匹配查找图像
import cv2
import numpy as np
img1=cv2.imread('lianpu.jpg')                              #打开输入图像
temp=cv2.imread('lianpu2.jpg')                             #打开模板图像
cv2.imshow('template',temp)
img1gray=cv2.cvtColor(img1,cv2.COLOR_BGR2GRAY,dstCn=1)     #转换为单通道灰度图像
tempgray=cv2.cvtColor(temp,cv2.COLOR_BGR2GRAY,dstCn=1)     #转换为单通道灰度图像
h,w=tempgray.shape                                         #获得模板图像的高度和宽度
res=cv2.matchTemplate(img1gray,tempgray,cv2.TM_SQDIFF)     #执行匹配
min_val,max_val,min_loc,max_loc=cv2.minMaxLoc(res)         #返回匹配位置
top_left = min_loc                                         #最小值为最佳匹配，获得其位置
bottom_right = (top_left[0] + w, top_left[1] + h)          #获得匹配范围的右下角位置
cv2.rectangle(img1,top_left, bottom_right,(0,0,255), 2)    #绘制匹配范围，红色边框
cv2.imshow('Detected Range',img1)
cv2.waitKey(0)
```

（4）按【Ctrl+S】组合键保存程序文件，将文件命名为 test7-11.py。

（5）按【F5】键运行程序，观察运行结果。

7.4.2 实验 2：使用交互式前景提取方法分割图像

7.4.2 实验 2：使用交互式前景提取方法分割图像

1. 实验目的

掌握使用交互式前景提取方法分割图像的基本方法。

2. 实验内容

使用交互式前景提取方法，将图 7-12 所示的杯子作为前景提取出来。

图 7-12 原图

3. 实验过程

具体操作步骤如下。

（1）在 Windows 的“开始”菜单中选择“Python 3.8\IDLE”命令，启动 IDLE 交互环境。

（2）在 IDLE 交互环境中选择“File\New”命令，打开源代码编辑器。

（3）在源代码编辑器中输入下面的代码。

```
#test7-12.py：实验 2 使用交互式前景提取方法分割图像
import cv2
import numpy as np
img = cv2.imread('cup.jpg')
mask = np.zeros(img.shape[:2],np.uint8)                    #定义原始掩模图像
bg = np.zeros((1,65),np.float64)
fg = np.zeros((1,65),np.float64)
rect = (50,50,200,300)                                     #根据原图设置包含前景的矩形大小
cv2.grabCut(img,mask,rect,bg,fg,5,cv2.GC_INIT_WITH_RECT) #第 1 次提取前景，矩形模式
imgmask = cv2.imread('cup2.jpg')                           #读取已标注的掩模图像
cv2.imshow('mask image',imgmask)
mask2 = cv2.cvtColor(imgmask,cv2.COLOR_BGR2GRAY,dstCn=1)#转换为单通道灰度图像
mask[mask2==0]=0                                           #将掩模图像中黑色像素对应的原始掩模像素设置为 0
mask[mask2==255]=1                                         #将掩模图像中白色像素对应的原始掩模像素设置为 1
cv2.grabCut(img,mask,None,bg,fg,5,cv2.GC_INIT_WITH_MASK) #第 2 次提取前景，掩模模式
mask2 = np.where((mask==2)|(mask==0),0,1).astype('uint8')
img = img*mask2[:,:,np.newaxis]                            #将掩模图像与原图像相乘获得分割出来的前景图像
cv2.imshow('grabCut',img)                                  #显示获得的前景
cv2.waitKey(0)
```

（4）按【Ctrl+S】组合键保存程序文件，将文件命名为 test7-12.py。

（5）按【F5】键运行程序，运行结果如图 7-13 所示，其中的左图为掩模图像，右图为提取出来的前景。

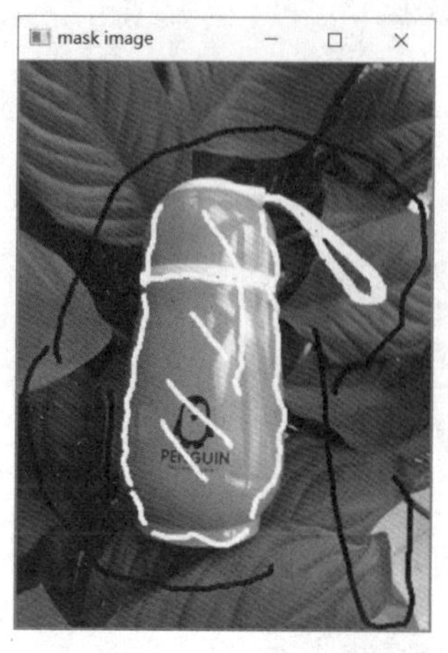

图 7-13　程序运行结果

习　　题

1. 选择一幅图像，从图中截取一部分，使用模板匹配查找其在图中的位置。
2. 选择一幅包含多个相同物体的图像，使用模板匹配查找出多个物体在图中的位置。
3. 选择一幅图像，使用分水岭算法分割图像。
4. 选择两幅图像，分别取两幅图像的左右两半部分，使用图像金字塔算法融合图像。
5. 选择一幅图像，使用交互式前景提取方法分割图像。

第 8 章 特征检测

图像的特征是指图像中具有独特性和易于识别性的区域，角、边缘等都属于有意义的特征。OpenCV 可以检测并提取图像的特征，并对其进行描述，以便用于图像匹配和搜索。本章主要介绍角检测、特征点检测、特征匹配和对象查找。

8.1 角检测

角是两条边的交点，也可称为角点或拐角，它是图像中各个方向上强度变化最大的区域。OpenCV 的 cv2.cornerHarris()、cv2.cornerSubPix()和 cv2.goodFeaturesToTrack()函数用于角检测。

8.1.1 哈里斯角检测

8.1.1 哈里斯角检测

哈里斯角检测是克里斯・哈里斯（Chris Harris）和迈克・斯蒂芬斯（Mike Stephens）在他们论文中提出的一种角检测方法。

cv2.cornerHarris()函数根据哈里斯角检测器算法检测图像中的角，其基本格式如下。

```
dst=cv2.cornerHarris(src,blockSize,ksize,k)
```

参数说明如下。

- dst 为返回结果，它是一个 numpy.ndarray 对象，大小和 src 相同，每一个数组元素对应一个像素点，其值越大，对应像素点是角的概率越高。
- src 为 8 位单通道或浮点值图像。
- blockSize 为邻域大小，值越大，检测出的角占的区域越大。
- ksize 为哈里斯角检测器使用的 Sobel 算子的中孔参数。
- k 为哈里斯角检测器的自由参数。ksize 和 k 影响检测的敏感度，值越小，检测出的角越多，但准确率越低。

示例代码如下。

```
#test8-1.py：哈里斯角检测
import cv2
import numpy as np
img=cv2.imread('cube.jpg')                              #打开输入图像
gray = cv2.cvtColor(img,cv2.COLOR_BGR2GRAY)             #转换为灰度图像
gray = np.float32(gray)                                 #转换为浮点类型
```

```
dst = cv2.cornerHarris(gray,8,7,0.01)                    #执行角检测
#将检测结果中值大于“最大值*0.02”对应的像素设置为红色
img[dst>0.02*dst.max()]=[0,0,255]
cv2.imshow('dst',img)                                     #显示检测结果
cv2.waitKey(0)
```

程序运行结果如图 8-1 所示，图中额外用数字标注了检测出的角的位置。在运行程序时，可更改 cv2.cornerHarris()函数参数查看不同的运行结果。

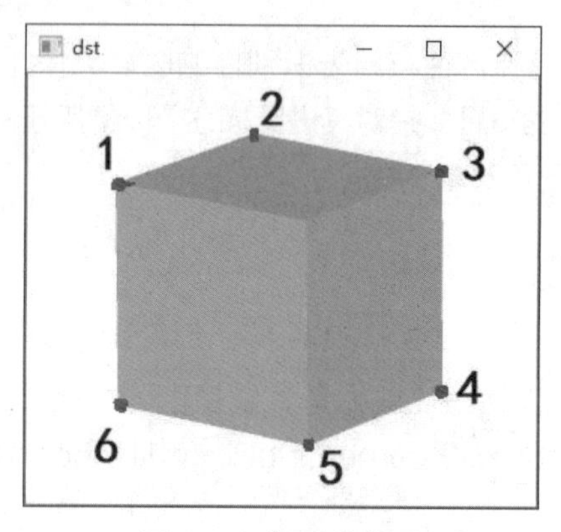

图 8-1　哈里斯角检测

8.1.2　优化哈里斯角

8.1.2　优化哈里斯角

使用 cv2.cornerHarris()函数检测出的角称为哈里斯角，它包含了一定数量的像素。有时，可能需要对哈里斯角进行进一步处理，找出角的更精确位置。

cv2.cornerSubPix()函数用于对哈里斯角进行优化，找出更准确的角的位置，其基本格式如下。

```
dst=cv2.cornerSubPix(src,corners, winSize, zeroZone, criteria)
```

参数说明如下。

- dst 为返回结果，存储优化后的角信息。
- src 为 8 位单通道或浮点值图像。
- corners 为哈里斯角的质心坐标。
- winSize 为搜索窗口边长的一半。
- zeroZone 为零值边长的一半。
- criteria 为优化查找的终止条件。

示例代码如下。

```
#test8-2.py：优化哈里斯角
import cv2
import numpy as np
import matplotlib.pyplot as plt
img = cv2.imread('cube.jpg')                             #打开图像，默认为 BGR 格式
gray = cv2.cvtColor(img,cv2.COLOR_BGR2GRAY)              #转换为灰度图像
```

```
gray = np.float32(gray)                                          #转换为浮点类型
dst = cv2.cornerHarris(gray,8,7,0.04)                            #查找哈里斯角
r, dst = cv2.threshold(dst,0.01*dst.max(),255,0)                 #二值化阈值处理
dst = np.uint8(dst)                                              #转换为整型
r,l,s,cxys = cv2.connectedComponentsWithStats(dst)               #查找质点坐标
cif = (cv2.TERM_CRITERIA_EPS +
            cv2.TERM_CRITERIA_MAX_ITER, 100, 0.001)              #定义优化查找条件
corners = cv2.cornerSubPix(gray,
            np.float32(cxys),(5,5),(-1,-1),cif)                  #执行优化查找
res = np.hstack((cxys,corners))                                  #堆叠构造新数组，便于标注角
res = np.int0(res)                                               #转换为整型
img[res[:,1],res[:,0]]=[0,0,255]                                 #将哈里斯角对应像素设置为红色
img[res[:,3],res[:,2]] = [0,255,0]                               #将优化结果像素设置为绿色
img = cv2.cvtColor(img,cv2.COLOR_BGR2RGB)                        #转换为 RGB 格式
plt.imshow(img)
plt.axis('off')
plt.show()                                                       #显示检测结果
```

程序运行结果如图 8-2 所示，其中左图为使用 matplotlib.pyplot 工具显示的输出图像，图中标注的红色和绿色角位置不明显；右图是使用工具中的缩放功能放大图像后立方体的一个角，可看出红色和绿色角位置。

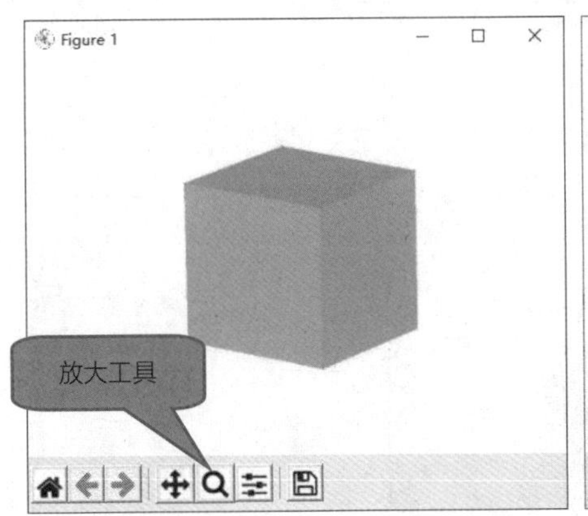

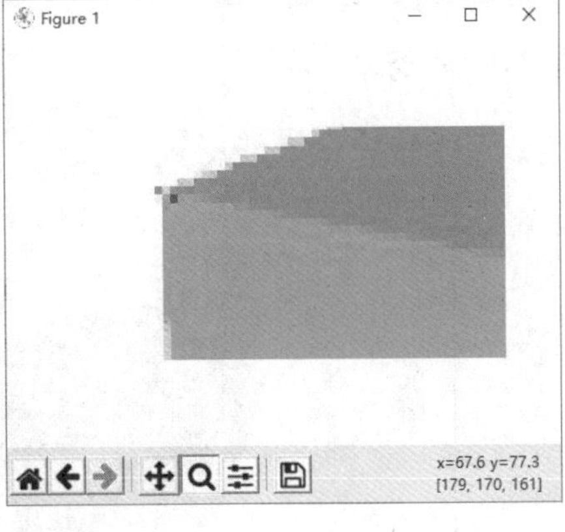

图 8-2 优化哈里斯角

8.1.3 Shi-Tomasi 角检测

Shi-Tomasi 角检测是史建波（Jianbo Shi）和卡罗·托马西（Carlo Tomasi）在哈里斯角检测基础上提出的改进角检测的方法。

OpenCV 的 cv.goodFeaturesToTrack()函数使用 Shi-Tomasi 角检测器查找图像中的 N 个最强角，其基本格式如下。

```
dst=cv.goodFeaturesToTrack(src, maxCorners, qualityLevel, minDistance)
```

参数说明如下。

- dst 为返回结果，保存了检测到的角在原图像中的坐标。

- src 为 8 位单通道或浮点值图像。
- maxCorners 为返回的角的最大数量。
- qualityLevel 为可接受的角的最低质量。
- minDistance 为返回的角之间的最小欧几里得距离。

示例代码如下。

```
#test8-3.py: Shi-Tomasi 角检测
import cv2
import numpy as np
import matplotlib.pyplot as plt
img = cv2.imread('five.jpg')                                #打开图像，默认为 BGR 格式
gray = cv2.cvtColor(img,cv2.COLOR_BGR2GRAY)                 #转换为灰度图像
gray = np.float32(gray)                                     #转换为浮点类型
corners = cv2.goodFeaturesToTrack(gray,6,0.1,100)           #检测角，最多 6 个
corners = np.int0(corners)                                  #转换为整型
for i in corners:
    x,y = i.ravel()
    cv2.circle(img,(x,y),4,(0,0,255),-1)                    #用红色圆点标注找到的角
img = cv2.cvtColor(img,cv2.COLOR_BGR2RGB)                   #转换为 RGB 格式
plt.imshow(img)
plt.axis('off')
plt.show()                                                  #显示检测结果
```

程序运行结果如图 8-3 所示。

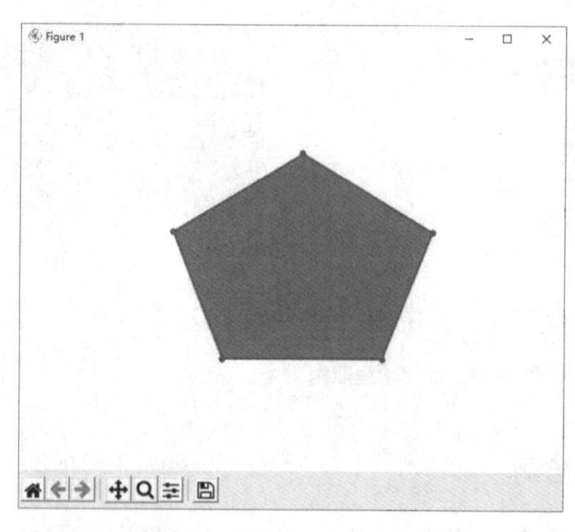

图 8-3　Shi-Tomasi 角检测

8.2 特征点检测

特征点是图像中具有唯一性的像素，也称兴趣点或者关键点。角是特殊的特征点。

8.2.1 FAST 特征检测

8.2.1 FAST 特征检测

FAST 特征检测器主要根据像素周围 16 个像素的强度和阈值等参数来判断像素是否为关键点。

可调用 cv2.FastFeatureDetector_create()函数创建一个 FAST 对象，然后调用 FAST 对象的 detect()方法执行关键点检测，该方法将返回一个关键点列表。每个关键点对象均包含了关键点的角度、坐标、响应强度和邻域大小等信息。

示例代码如下。

```
#test8-4.py：FAST 关键点检测
import cv2
img = cv2.imread('cube.jpg')                                    #打开图像，默认为 BGR 格式
fast = cv2.FastFeatureDetector_create()                         #创建 FAST 检测器
kp = fast.detect(img,None)                                      #检测关键点，不使用掩模
img2 = cv2.drawKeypoints(img, kp, None, color=(0,0,255))        #绘制关键点
cv2.imshow('FAST points',img2)                                  #显示绘制了关键点的图像
fast.setThreshold(20)                                           #设置阈值，默认阈值为 10
kp = fast.detect(img,None)                                      #检测关键点，不使用掩模
n=0
for p in kp:                                                    #输出关键点信息
    print("第%s 个关键点，坐标：" %(n+1),p.pt,'响应强度：',p.response,
          '邻域大小：',p.size ,'角度：',p.angle)
    n+=1
img3 = cv2.drawKeypoints(img, kp, None, color=(0,0,255))
cv2.imshow('Threshold20',img3)                                  #显示绘制了关键点的图像
cv2.waitKey(0)
```

程序运行结果如图 8-4 所示。其中，左图显示 FAST 对象使用默认阈值（10）时检测到的关键点，右图是阈值设置为 20 时检测到的关键点。可以看到阈值越大，返回的关键点数量越少。

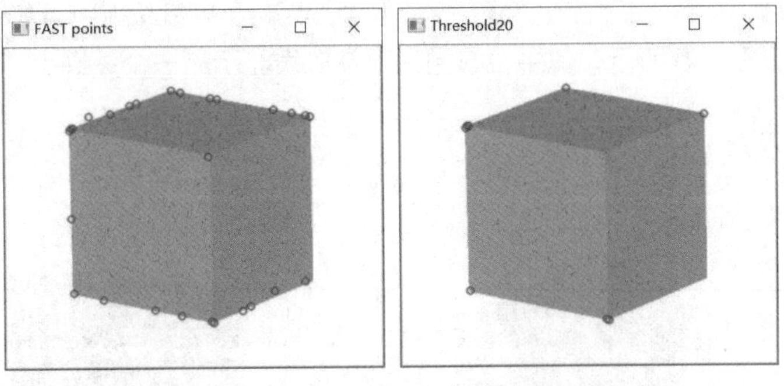

图 8-4 FAST 特征检测

程序输出了设置阈值为 20 后返回的关键点信息，如下所示。

```
第 1 个关键点，坐标： (146.0, 37.0) 响应强度： 46.0 邻域大小： 7.0 角度： -1.0
第 2 个关键点，坐标： (267.0, 60.0) 响应强度： 95.0 邻域大小： 7.0 角度： -1.0
第 3 个关键点，坐标： (58.0, 69.0) 响应强度： 99.0 邻域大小： 7.0 角度： -1.0
```

```
第 4 个关键点，坐标：(60.0, 69.0) 响应强度：34.0 邻域大小：7.0 角度：-1.0
第 5 个关键点，坐标：(57.0, 71.0) 响应强度：88.0 邻域大小：7.0 角度：-1.0
第 6 个关键点，坐标：(60.0, 210.0) 响应强度：78.0 邻域大小：7.0 角度：-1.0
第 7 个关键点，坐标：(180.0, 235.0) 响应强度：34.0 邻域大小：7.0 角度：-1.0
第 8 个关键点，坐标：(182.0, 236.0) 响应强度：37.0 邻域大小：7.0 角度：-1.0
```

在本例中，FAST 算法返回的关键点的响应强度值代表了该点属于角的概率，响应强度值越大，该点越有可能属于角。

8.2.2 SIFT 特征检测

8.2.2 SIFT 特征检测

图像中的角具有旋转不变特征，即旋转图像时角不会发生变化；但在放大或者缩小图像时，角可能发生变化。

SIFT 是指尺度不变特征变换，SIFT 算法用于查找图像中的尺度不变特征，返回图像中的关键点。

OpenCV 提供的 cv2.SIFT_create()函数用于创建 SIFT 对象，然后调用 SIFT 对象的 detect()方法执行 SIFT 算法检测关键点。

示例代码如下。

```
#test8-5.py: SIFT 关键点检测
import cv2
import matplotlib.pyplot as plt
img = cv2.imread('five.jpg')                                    #打开图像，默认为 BGR 格式
gray= cv2.cvtColor(img,cv2.COLOR_BGR2GRAY)                      #转换为灰度图像
sift = cv2.SIFT_create()                                        #创建 SIFT 检测器
kp = sift.detect(gray,None)                                     #检测关键点
img2 = cv2.drawKeypoints(img,kp,None,
       flags=cv2.DRAW_MATCHES_FLAGS_DRAW_RICH_KEYPOINTS)        #绘制关键点
img2 = cv2.cvtColor(img2,cv2.COLOR_BGR2RGB)                     #转换为 RGB 图像
plt.imshow(img2)
plt.axis('off')
plt.show()                                                      #显示绘制了关键点的图像
```

程序运行结果如图 8-5 所示，其中，右图为局部放大显示的一个关键点。

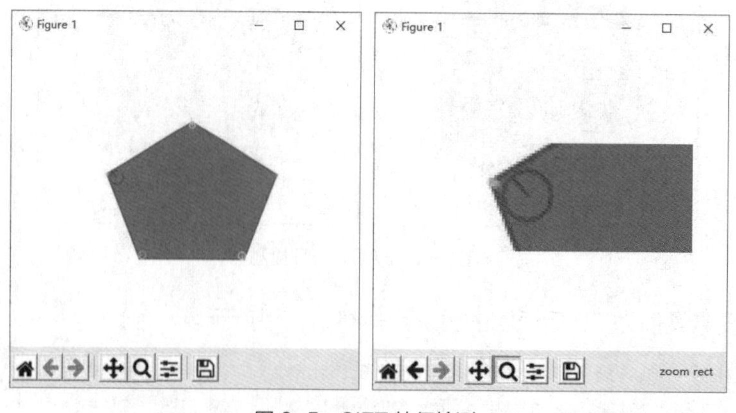

图 8-5　SIFT 特征检测

在绘制关键点时，将 cv2.DRAW_MATCHES_FLAGS_DRAW_RICH_KEYPOINTS 设置为 drawKeypoints()函数的 flags 参数时，可以根据不同响应强度值在关键点位置绘制大小不同的圆，并可同时标注方向。

8.2.3 ORB 特征检测

8.2.3 ORB 特征检测

ORB 特征检测以 FAST 特征检测器和 BRIEF 描述符为基础进行了改进，以获得更好的特征检测性能。OpenCV 提供的 cv2.ORB_create()函数用于创建 ORB 对象，然后调用 ORB 对象的 detect()方法执行 ORB 算法检测关键点。

示例代码如下。

```
#test8-6.py: ORB 关键点检测
import cv2
img = cv2.imread('cube.jpg')                              #打开图像，默认为 BGR 格式
orb = cv2.ORB_create()                                    #创建 ORB 检测器
kp = orb.detect(img,None)                                 #检测关键点
img2 = cv2.drawKeypoints(img, kp, None, color=(0,0,255))  #绘制关键点
cv2.imshow('ORB',img2)                                    #显示绘制了特征点的图像
cv2.waitKey(0)
```

程序运行结果如图 8-6 所示。

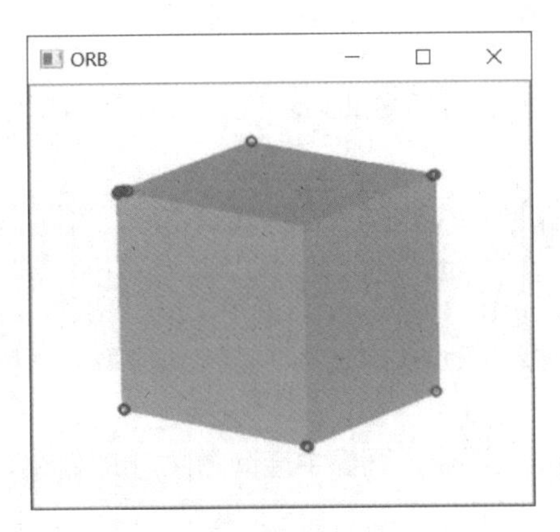

图 8-6　ORB 特征检测

8.3 特征匹配

获得图像的关键点后，可通过计算得到关键点的描述符。关键点描述符可用于图像的特征匹配。通常，在计算图 A 是否包含图 B 的特征区域时，将图 A 称为训练图像，将图 B 称为查询图像。图 A 的关键点描述符称为训练描述符，图 B 的关键点描述符称为查询描述符。

8.3.1 暴力匹配器

8.3.1 暴力匹配器

暴力匹配器使用描述符进行特征比较。在比较时，暴力匹配器首先在查询描述符中取一个关键点的描述符，将其与训练描述符中的所有关键点描述符进行比

较，每次比较后会给出一个距离值，距离最小的值对应最佳匹配结果。所有描述符比较完后，匹配器返回匹配结果列表。

OpenCV 的 cv2.BFMatcher_create()函数用于创建暴力匹配器，其基本格式如下。

```
bf = cv2.BFMatcher_create([normType[,crossCheck]])
```

参数说明如下。

- bf 为返回的暴力匹配器对象。
- normType 为距离测量类型，默认为 cv2.NORM_L2。通常，SIFT、SURF 等描述符使用 cv2.NORM_L1 或 cv2.NORM_L2，ORB、BRISK 或 BRIEF 等描述符使用 cv2.NORM_HAMMING。
- crossCheck 默认为 False，匹配器为每个查询描述符找到 *k* 个距离最近的匹配描述符。crossCheck 为 True 时，只返回满足交叉验证条件的匹配结果。

暴力匹配器对象的 match()方法返回每个关键点的最佳匹配结果，其基本格式如下。

```
ms = bf.match(des1,des2)
```

参数说明如下。

- ms 为返回的匹配结果，它是一个 DMatch 对象列表。每个 DMatch 对象表示关键点的一个匹配结果，其 distance 属性表示距离，值越小匹配度越高。
- des1 为查询描述符。
- des2 为训练描述符。

获得匹配结果后，可调用 cv2.drawMatches()或 cv2.drawMatchesKnn()函数绘制匹配结果图像，其基本格式如下。

```
outImg = cv2.drawMatches(img1, keypoints1, img2, keypoints2, matches1to2,
         outImg[, matchColor[, singlePointColor[, matchesMask[, flags]]]])
outImg = cv2.drawMatchesKnn(img1, keypoints1, img2, keypoints2, matches1to2,
         outImg[, matchColor[, singlePointColor[, matchesMask[, flags]]]])
```

参数说明如下。

- outImg 为返回的绘制结果图像，图像中查询图像与训练图像中匹配的关键点和两点之间的连线为彩色。
- img1 为查询图像。
- keypoints1 为 img1 的关键点。
- img2 为训练图像。
- keypoints2 为 img2 的关键点。
- matches1to2 为 img1 与 img2 的匹配结果。
- matchColor 为关键点和连接线的颜色，默认使用随机颜色。
- singlePointColor 为单个关键点的颜色，默认使用随机颜色。
- matchesMask 为掩模，用于决定绘制哪些匹配结果，默认为空，表示绘制所有匹配结果。
- flags 为标志，可设置为下列参数值。
  - ■ cv2.DrawMatchesFlags_DEFAULT：默认方式，绘制两个源图像、匹配项和单个关键点，没有围绕关键点的圆以及关键点的大小和方向。

- cv2.DrawMatchesFlags_DRAW_OVER_OUTIMG：根据输出图像的现有内容进行绘制。
- cv2.DrawMatchesFlags_NOT_DRAW_SINGLE_POINTS：不会绘制单个关键点。
- cv2.DrawMatchesFlags_DRAW_RICH_KEYPOINTS：在关键点周围绘制具有关键点大小和方向的圆圈。

示例代码如下。

```
#test8-7.py：暴力匹配器、ORB 描述符和 match()方法匹配
import cv2
import matplotlib.pyplot as plt
img1 = cv2.imread('xhu1.jpg',cv2.IMREAD_GRAYSCALE)          #打开灰度图像
img2 = cv2.imread('xhu2.jpg',cv2.IMREAD_GRAYSCALE)          #打开灰度图像
orb = cv2.ORB_create()                                      #创建 ORB 检测器
kp1, des1 = orb.detectAndCompute(img1,None)                 #检测关键点和计算描述符
kp2, des2 = orb.detectAndCompute(img2,None)                 #检测关键点和计算描述符
bf = cv2.BFMatcher_create(cv2.NORM_HAMMING,crossCheck=True) #创建匹配器
ms = bf.match(des1,des2)                                    #执行特征匹配
ms = sorted(ms, key = lambda x:x.distance)                  #按距离排序
img3 = cv2.drawMatches(img1,kp1,img2,kp2,ms[:20],None,      #绘制前 20 个匹配结果
            flags=cv2.DrawMatchesFlags_NOT_DRAW_SINGLE_POINTS)
plt.imshow(img3)
plt.axis('off')
plt.show()                                                  #显示结果
```

程序运行结果如图 8-7 所示。

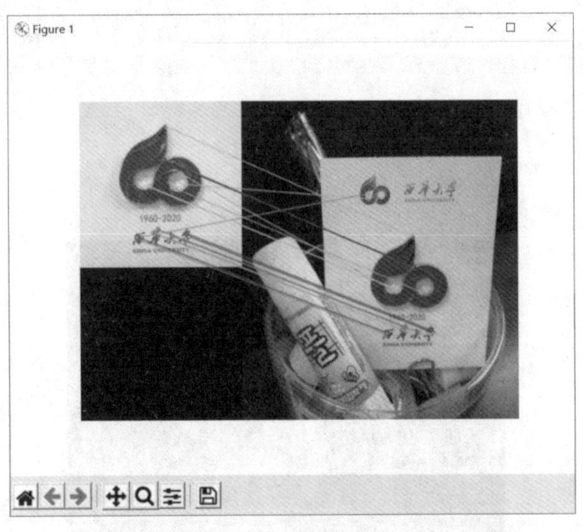

图 8-7　暴力匹配器、ORB 描述符和 match()方法匹配

暴力匹配器对象的 knnMatch()方法可返回指定数量的最佳匹配结果，其基本格式如下。

```
ms = bf.knnMatch(des1,des2,k=n)
```

参数说明如下。

- ms 为返回的匹配结果列表，每个列表元素是一个子列表，它包含了由参数 k 指定个数的 DMatch 对象。
- des1 为查询描述符。
- des2 为训练描述符。
- k 为返回的最佳匹配个数。

示例代码如下。

```
#test8-8.py：暴力匹配器、ORB 描述符和 knnMatch()方法匹配
import cv2
import matplotlib.pyplot as plt
img1 = cv2.imread('xhu1.jpg',cv2.IMREAD_GRAYSCALE)          #打开灰度图像
img2 = cv2.imread('xhu2.jpg',cv2.IMREAD_GRAYSCALE)          #打开灰度图像
orb = cv2.ORB_create()                                      #创建 ORB 检测器
kp1, des1 = orb.detectAndCompute(img1,None)                 #检测关键点和计算描述符
kp2, des2 = orb.detectAndCompute(img2,None)                 #检测关键点和计算描述符
bf = cv2.BFMatcher_create(cv2.NORM_HAMMING,crossCheck=False) #创建匹配器
ms = bf.knnMatch(des1,des2,k=2)                             #执行特征匹配
#应用比例测试选择要使用的匹配结果
good = []
for m,n in ms:
    if m.distance < 0.75*n.distance:                        #因为 k=2，所以这里比较两个匹配结果的距离
        good.append(m)
img3 = cv2.drawMatches(img1,kp1,img2,kp2,good[:20],None,    #绘制前 20 个匹配结果
            flags=cv2.DrawMatchesFlags_NOT_DRAW_SINGLE_POINTS)
plt.imshow(img3)
plt.axis('off')
plt.show()
```

程序运行结果如图 8-8 所示。

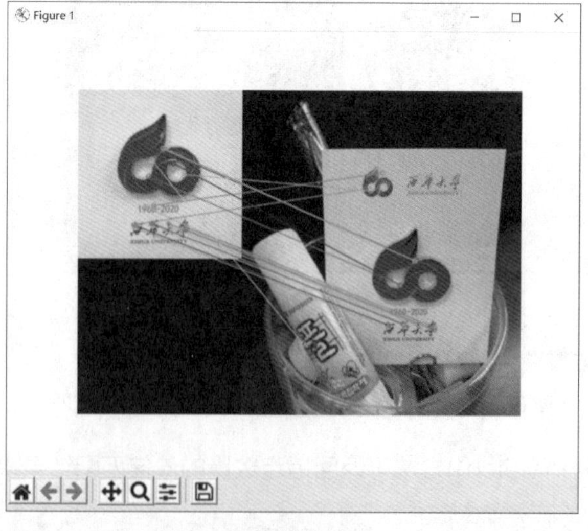

图 8-8　暴力匹配器、ORB 描述符和 knnMatch()方法匹配

8.3.2 FLANN 匹配器

8.3.2 FLANN 匹配器

FLANN（Fast Library for Approximate Nearest Neighbors）为近似最近邻的快速库，FLANN 特征匹配算法比其他的最近邻算法更快。

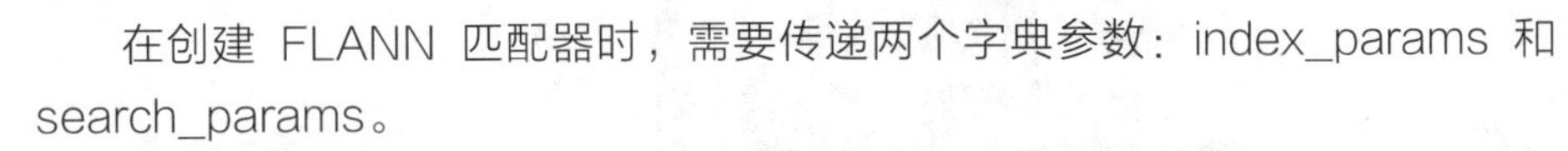

在创建 FLANN 匹配器时，需要传递两个字典参数：index_params 和 search_params。

index_params 用于指定索引树的算法类型和数量。SIFT 和 SURF 可使用下面代码来设置。

```
FLANN_INDEX_KDTREE = 1
index_params = dict(algorithm = FLANN_INDEX_KDTREE, trees = 5)
```

ORB 算法可使用下面代码来设置。

```
FLANN_INDEX_LSH = 6
index_params = dict(algorithm = FLANN_INDEX_LSH,
                    table_number = 6,
                    key_size = 12,
                    multi_probe_level = 1)
```

search_params 用于指定索引树的遍历次数，遍历次数越多，匹配结果越精确，通常设置为 50 即可，如下所示。

```
search_params = dict(checks=50)
```

示例代码如下。

```
#test8-9.py：FLANN 匹配
import cv2
import matplotlib.pyplot as plt
img1 = cv2.imread('xhu1.jpg',cv2.IMREAD_GRAYSCALE)              #打开灰度图像
img2 = cv2.imread('xhu2.jpg',cv2.IMREAD_GRAYSCALE)              #打开灰度图像
orb = cv2.ORB_create()                                          #创建 ORB 检测器
kp1, des1 = orb.detectAndCompute(img1,None)                     #检测关键点和计算描述符
kp2, des2 = orb.detectAndCompute(img2,None)                     #检测关键点和计算描述符
#定义 FLANN 参数
FLANN_INDEX_LSH = 6
index_params= dict(algorithm = FLANN_INDEX_LSH,
                   table_number = 6,
                   key_size = 12,
                   multi_probe_level = 1)
search_params = dict(checks=50)
flann = cv2.FlannBasedMatcher(index_params,search_params)       #创建 FLANN 匹配器
matches = flann.match(des1,des2)                                #执行匹配操作
draw_params = dict(matchColor = (0,255,0),                      #设置关键点和连接线为绿色
                   singlePointColor = (255,0,0),                #设置单个点为红色
                   matchesMask = None,
                   flags = cv2.DrawMatchesFlags_DEFAULT)
img3 = cv2.drawMatches(img1,kp1,img2,kp2,matches[:20],None,      #绘制匹配结果
           **draw_params)
plt.imshow(img3)
plt.axis('off')
plt.show()                                                      #显示结果
```

程序运行结果如图 8-9 所示。

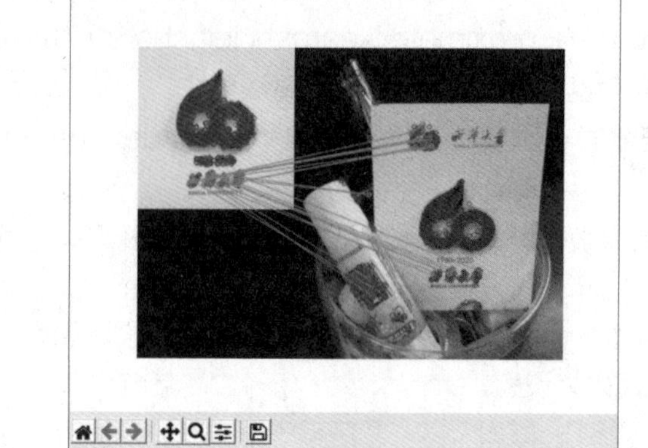

扫码看彩图

图 8-9　FLANN 匹配

8.4 对象查找

8.4　对象查找

经过特征匹配后，可找到查询图像在训练图像中的最佳匹配，从而可在训练图像中精确查找到查询图像。获得最佳匹配结果后，调用 cv2.findHomography()函数执行查询图像和训练图像的透视转换，再调用 cv2.perspectiveTransform()函数执行向量的透视矩阵转换，可获得查询图像在训练图像中的位置。

cv2.findHomography()函数的基本格式如下。

```
retv,mask=cv2.findHomography(srcPoints, dstPoints[, method[,
                                        ransacReprojThreshold]])
```

参数说明如下。

- retv 为返回的转换矩阵。
- mask 为返回的查询图像在训练图像中的最佳匹配结果掩模。
- srcPoints 为查询图像匹配结果的坐标。
- dstPoints 为训练图像匹配结果的坐标。
- method 为用于计算透视转换矩阵的方法。
- ransacReprojThreshold 为可允许的最大重投影误差。

cv2.perspectiveTransform()函数的基本格式如下。

```
dst=cv2.perspectiveTransform(src,m)
```

参数说明如下。

- src 为输入的 2 通道或 3 通道浮点类型的数组。
- m 是大小为 3×3 或 4×4 的浮点类型的转换矩阵，如使用 cv2.findHomography()函数返回的转换矩阵。
- dst 为输出结果数组，大小和类型与 src 相同。

示例代码如下。

```
#test8-10.py：对象查找
import cv2
```

```
import numpy as np
import matplotlib.pyplot as plt
img1 = cv2.imread('xhu1.jpg',cv2.IMREAD_GRAYSCALE)          #打开灰度图像
img2 = cv2.imread('xhu2.jpg',cv2.IMREAD_GRAYSCALE)          #打开灰度图像
orb = cv2.ORB_create()                                      #创建 ORB 检测器
kp1, des1 = orb.detectAndCompute(img1,None)                 #检测关键点和计算描述符
kp2, des2 = orb.detectAndCompute(img2,None)                 #检测关键点和计算描述符
bf = cv2.BFMatcher_create(cv2.NORM_HAMMING,crossCheck=True) #创建匹配器
ms = bf.match(des1,des2)                                    #执行特征匹配
ms = sorted(ms, key = lambda x:x.distance)                  #按距离排序
matchesMask = None
if len(ms)>10:  #在有足够数量的匹配结果后，才计算查询图像在训练图像中的位置
    #计算查询图像匹配结果的坐标
    querypts = np.float32([ kp1[m.queryIdx].pt for m in ms ]).reshape(-1,1,2)
    #计算训练图像匹配结果的坐标
    trainpts = np.float32([ kp2[m.trainIdx].pt for m in ms ]).reshape(-1,1,2)
    #执行查询图像和训练图像的透视转换
    retv, mask = cv2.findHomography(querypts,trainpts, cv2.RANSAC)
    #计算最佳匹配结果的掩模，用于绘制匹配结果
    matchesMask = mask.ravel().tolist()
    h,w = img1.shape
    pts = np.float32([ [0,0],[0,h-1],[w-1,h-1],[w-1,0] ]).reshape(-1,1,2)
    #执行向量的透视矩阵转换，获得查询图像在训练图像中的位置
    dst = cv2.perspectiveTransform(pts,retv)
    #用白色矩形在训练图像中绘制出查询图像的范围
    img2 = cv2.polylines(img2,[np.int32(dst)],True,(255,255,255),5)
img3 = cv2.drawMatches(img1,kp1,img2,kp2,ms,None,
                          matchColor = (0,255,0),            #用绿色绘制匹配结果
                          singlePointColor = None,
                          matchesMask = matchesMask,         #绘制掩模内的匹配结果
                          flags=cv2.DrawMatchesFlags_NOT_DRAW_SINGLE_POINTS)
plt.imshow(img3)
plt.axis('off')
plt.show()                                                   #显示结果
```

程序运行结果如图 8-10 所示，图中用白色矩形标识了在训练图像中找到的查询图像，包括被遮挡住的部分。

图 8-10　对象查找

只有在找到足够多的匹配结果后，才能确定查询图像在训练图像中的位置，所以本例中 if 语句块设置的数量为 10。满足条件后，根据特征匹配结果执行透视变换，获得查询图像在训练图像中的位置，再用绘图函数绘制出位置。未满足条件时，本例只绘制特征匹配的结果，不会绘制位置。

8.5 实验

8.5.1 实验 1：应用 Shi-Tomasi 角检测器

8.5.1 实验 1：应用 Shi-Tomasi 角检测器

1. 实验目的

巩固和掌握 OpenCV 中角检测器的使用方法。

2. 实验内容

使用图 8-11 所示的图像，应用 Shi-Tomasi 角检测器找出图像中的角。

图 8-11 实验 1 图像素材

3. 实验过程

具体操作步骤如下。

（1）在 Windows 的“开始”菜单中选择“Python 3.8\IDLE”命令，启动 IDLE 交互环境。

（2）在 IDLE 交互环境中选择“File\New”命令，打开源代码编辑器。

（3）在源代码编辑器中输入下面的代码。

```
#test8-11.py：实验 1 应用 Shi-Tomasi 角检测器
import cv2
import numpy as np
import matplotlib.pyplot as plt
img = cv2.imread('bridge.jpg')                          #打开图像，默认为 BGR 格式
gray = cv2.cvtColor(img,cv2.COLOR_BGR2GRAY)             #转换为灰度图像
gray = np.float32(gray)                                 #转换为浮点类型
corners = cv2.goodFeaturesToTrack(gray,10,0.1,10)       #检测角，最多 10 个
corners = np.int0(corners)                              #转换为整型
for i in corners:
    x,y = i.ravel()
    cv2.circle(img,(x,y),4,(0,0,255),-1)                #用红色圆点标注找到的角
img = cv2.cvtColor(img,cv2.COLOR_BGR2RGB)               #转换为 RGB 格式
plt.imshow(img)
plt.axis('off')
plt.show()                                              #显示检测结果
```

（4）按【Ctrl+S】组合键保存程序文件，将文件命名为 test8-11.py。

（5）按【F5】键运行程序，运行结果如图 8-12 所示，图中用红色点标注了角的位置。

图 8-12　实验结果（1）

8.5.2　实验 2：　应用特征匹配查找对象

1. 实验目的

巩固和掌握 OpenCV 的特征匹配方法，并应用特征匹配完成对象查找。

2. 实验内容

使用图 8-13 所示的查询图像和训练图像，应用 ORB 特征检测和暴力匹配器，在训练图像中找出查询图像。

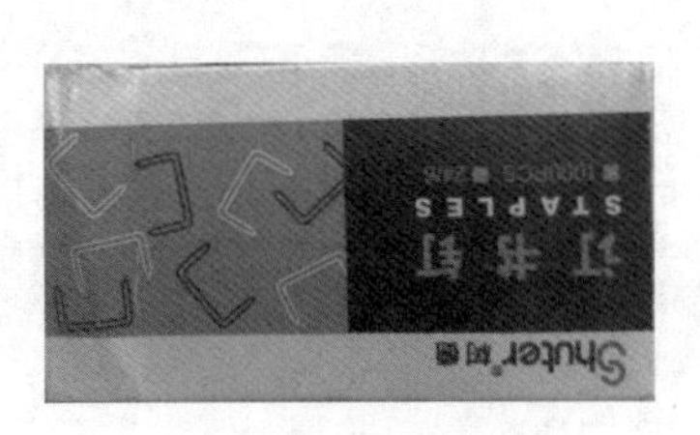

（a）查询图像

（b）训练图像

图 8-13　实验 2 图像素材

3. 实验过程

具体操作步骤如下。

（1）在 Windows 的“开始”菜单中选择“Python 3.8\IDLE”命令，启动 IDLE 交互环境。

（2）在 IDLE 交互环境中选择“File\New”命令，打开源代码编辑器。

（3）在源代码编辑器中输入下面的代码。

```
#test8-12.py：实验 2 应用特征匹配查找对象
import cv2
import numpy as np
import matplotlib.pyplot as plt
img1 = cv2.imread('printer1.jpg',cv2.IMREAD_GRAYSCALE)      #打开灰度图像
img2 = cv2.imread('printer2.jpg',cv2.IMREAD_GRAYSCALE)      #打开灰度图像
orb = cv2.ORB_create()                                      #创建 ORB 检测器
kp1, des1 = orb.detectAndCompute(img1,None)                 #检测关键点和计算描述符
kp2, des2 = orb.detectAndCompute(img2,None)                 #检测关键点和计算描述符
bf = cv2.BFMatcher_create(cv2.NORM_HAMMING,crossCheck=True) #创建匹配器
ms = bf.match(des1,des2)                                    #执行特征匹配
ms = sorted(ms, key = lambda x:x.distance)                  #按距离排序
matchesMask = None
if len(ms)>10:  #在有足够数量的匹配结果后，才计算查询图像在训练图像中的位置
    #计算查询图像匹配结果的坐标
    querypts = np.float32([ kp1[m.queryIdx].pt for m in ms ]).reshape(-1,1,2)
    #计算训练图像匹配结果的坐标
    trainpts = np.float32([ kp2[m.trainIdx].pt for m in ms ]).reshape(-1,1,2)
    #执行查询图像和训练图像的透视转换
    retv, mask = cv2.findHomography(querypts,trainpts, cv2.RANSAC)
    #计算最佳匹配结果的掩模，用于绘制匹配结果
    matchesMask = mask.ravel().tolist()
    h,w = img1.shape
    pts = np.float32([[0,0],[0,h-1],[w-1,h-1],[w-1,0]]).reshape(-1,1,2)
    #执行向量的透视矩阵转换，获得查询图像在训练图像中的位置
    dst = cv2.perspectiveTransform(pts,retv)
    #用白色矩形在训练图像中绘制出查询图像的范围
    img2 = cv2.polylines(img2,[np.int32(dst)],True,(255,255,255),5)
    img3 = cv2.drawMatches(img1,kp1,img2,kp2,ms,None,
                        matchColor = (0,255,0),             #用绿色绘制匹配结果
                        singlePointColor = None,
                        matchesMask = matchesMask,          #绘制掩模内的匹配结果
                        flags=cv2.DrawMatchesFlags_NOT_DRAW_SINGLE_POINTS)
plt.imshow(img3)
plt.axis('off')
plt.show()
```

（4）按【Ctrl+S】组合键保存程序文件，将文件命名为 test8-12.py。

（5）按【F5】键运行程序，运行结果如图 8-14 所示。

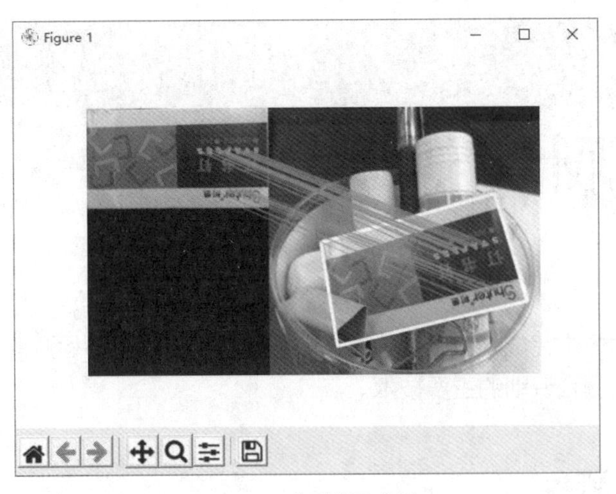

图 8-14　实验结果（2）

习　题

1. 选择一幅图像，使用哈里斯角检测器检测图像中的角。
2. 选择一幅图像，使用 Shi-Tomasi 角检测器检测图像中的角。
3. 选择一幅图像，使用 ORB 特征检测器检测图像中的关键点。
4. 选择两幅图像，使用暴力匹配器完成图像的特征匹配。
5. 选择两幅图像，使用 FLANN 匹配器完成图像查找。

第 9 章 人脸检测和识别

人脸检测是指在图像中完成人脸定位的过程。人脸识别是在人脸检测的基础上进一步判断人的身份。本章介绍人脸检测和识别的主要技术。

9.1 人脸检测

9.1.1 基于 Haar 的人脸检测

9.1.1 基于 Haar 的人脸检测

本小节使用 OpenCV 提供的 Haar 级联分类器来进行人脸检测。在 OpenCV 源代码中的“data\haarcascades”文件夹中包含训练好的 Haar 级联分类器文件，示例如下。

- haarcascade_eye.xml：人眼检测。
- haarcascade_eye_tree_eyeglasses.xml：眼镜检测。
- haarcascade_frontalcatface.xml：猫脸检测。
- haarcascade_frontalface_alt.xml：人脸检测。
- haarcascade_frontalface_default.xml：人脸检测。
- haarcascade_profileface.xml：侧脸检测。

cv2.CascadeClassifier()函数用于加载分类器，其基本格式如下。

```
faceClassifier=cv2.CascadeClassifier(filename)
```

参数说明如下。

- faceClassifier 为返回的级联分类器对象。
- filename 为级联分类器的文件名。

级联分类器对象的 detectMultiScale()方法用于执行检测，其基本格式如下。

```
objects=faceClassifier.detectMultiScale(image[,scaleFactor[,minNeighbors
                                [,flags[,minSize[,maxSize]]]]])
```

参数说明如下。

- objects 为返回的目标矩形，矩形中为人脸。
- image 为输入图像，通常为灰度图像。
- scaleFactor 为图像缩放比例。
- minNeighbors 为构成目标矩形的最少相邻矩形个数。
- flags 在低版本的 OpenCV 1.x 中使用，高版本中通常省略该参数。
- minSize 为目标矩形的最小尺寸。

- maxSize 为目标矩形的最大尺寸。

1. 使用 Haar 级联分类器检测人脸

下面的代码使用 haarcascade_frontalface_default.xml 和 haarcascade_eye.xml 分类器检测图像中的人脸和眼睛。

```
#test9-1.py: 使用 Haar 级联检测器
import cv2
img=cv2.imread('heard.jpg')                                    #打开输入图像
gray = cv2.cvtColor(img,cv2.COLOR_BGR2GRAY)                    #转换为灰度图像
#加载人脸检测器
face = cv2.CascadeClassifier('haarcascade_frontalface_default.xml')
#加载眼睛检测器
eye = cv2.CascadeClassifier('haarcascade_eye.xml')
faces = face.detectMultiScale(gray)                            #执行人脸检测
for x,y,w,h in faces:
    cv2.rectangle(img,(x,y),(x+w,y+h),(255,0,0),2)             #绘制矩形标注人脸
    roi_eye = gray[y:y+h, x:x+w]                               #根据人脸获得眼睛的检测范围
    eyes = eye.detectMultiScale(roi_eye)                       #在人脸范围内检测眼睛
    for (ex,ey,ew,eh) in eyes:                                 #标注眼睛
        cv2.circle(img[y:y+h, x:x+w],(int(ex+ew/2),
                 int(ey+eh/2)),int(max(ew,eh)/2),(0,255,0),2)
cv2.imshow('face',img)                                         #显示检测结果
cv2.waitKey(0)
```

程序运行结果如图 9-1 所示。

图 9-1　基于 Haar 的人脸检测

2. 使用 Haar 级联分类器检测猫脸

下面的代码使用 haarcascade_frontalcatface.xml 分类器检测图像中的猫脸。

```
#test9-2.py: 使用 Haar 级联检测器检测猫脸
import cv2
img=cv2.imread('cat.jpg')                                      #打开输入图像
gray = cv2.cvtColor(img,cv2.COLOR_BGR2GRAY)                    #转换为灰度图像
#加载猫脸检测器
face = cv2.CascadeClassifier('haarcascade_frontalcatface.xml')
```

```
faces = face.detectMultiScale(gray)                          #执行猫脸检测
for x,y,w,h in faces:
    cv2.rectangle(img,(x,y),(x+w,y+h),(255,0,0),2)           #绘制矩形标注猫脸
cv2.imshow('faces',img)                                      #显示检测结果
cv2.waitKey(0)
```

程序运行结果如图 9-2 所示。

图 9-2　基于 Haar 的猫脸检测

3. 使用 Haar 级联分类器检测摄像头视频中的人脸

Haar 级联分类器也可用于检测视频中的人脸，示例代码如下。

```
#test9-3.py：检测摄像头视频中的人脸
import cv2
capture = cv2.VideoCapture(0)                                  #创建视频捕捉器对象
if not capture.isOpened:
    print('不能打开摄像头')
    exit(0)                                                    #不能打开摄像头时结束程序
#加载人脸检测器
face = cv2.CascadeClassifier('haarcascade_frontalface_default.xml')
#加载眼睛检测器
eye = cv2.CascadeClassifier('haarcascade_eye.xml')
while True:
    ret, frame = capture.read()                                #读摄像头的帧
    if frame is None:
        break
    gray = cv2.cvtColor(frame,cv2.COLOR_BGR2GRAY)              #转换为灰度图像
    faces = face.detectMultiScale(gray)                        #执行人脸检测
    for x,y,w,h in faces:
        cv2.rectangle(frame,(x,y),(x+w,y+h),(255,0,0),2)       #绘制矩形标注人脸
        roi_eye = gray[y:y+h, x:x+w]                           #根据人脸获得眼睛的检测范围
        eyes = eye.detectMultiScale(roi_eye)                   #在人脸范围内检测眼睛
        for (ex,ey,ew,eh) in eyes:                             #标注眼睛
            cv2.circle(frame[y:y+h, x:x+w],(int(ex+ew/2),
                int(ey+eh/2)),int(max(ew,eh)/2),(0,255,0),2)
    cv2.imshow('faces',frame)                                  #显示帧
    key = cv2.waitKey(30)
```

```
    if key == 27:                                          #按【Esc】键结束程序
        break
```

程序运行结果如图 9-3 所示。

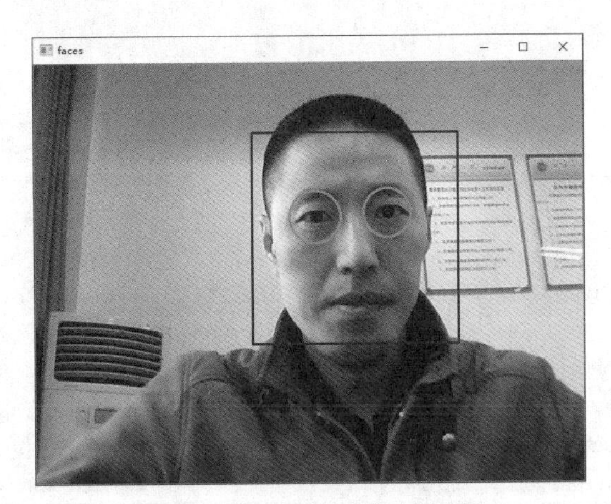

图 9-3　检测摄像头视频中的人脸

9.1.2　基于深度学习的人脸检测

9.1.2　基于深度学习的人脸检测

OpenCV 的深度神经网络（Deep Neural Network，DNN）模块提供了基于深度学习的人脸检测器。DNN 模块中使用了广受欢迎的深度学习框架，包括 Caffe、TensorFlow、Torch 和 Darknet 等。

OpenCV 提供了两个预训练的人脸检测模型：Caffe 和 TensorFlow 模型。

Caffe 模型需加载以下两个文件。

- deploy.prototxt：定义模型结构的配置文件。
- res10_300x300_ssd_iter_140000_fp16.caffemodel：包含实际层权重的训练模型文件。

TensorFlow 模型需加载以下两个文件。

- opencv_face_detector.pbtxt：定义模型结构的配置文件。
- opencv_face_detector_uint8.pb：包含实际层权重的训练模型文件。

在 OpenCV 源代码的“sources\samples\dnn\face_detector”文件夹中提供了模型配置文件，但未提供训练模型文件。可运行该文件夹中的 download_weights.py 下载上述的两个训练模型文件。

使用预训练的模型执行人脸检测时主要包含下列步骤。

（1）调用 cv2.dnn.readNetFromCaffe()或 cv2.dnn.readNetFromTensorflow()函数加载模型，创建检测器。

（2）调用 cv2.dnn.blobFromImage()函数将待检测图像转换为图像块数据。

（3）调用检测器的 setInput()方法将图像块数据设置为模型的输入数据。

（4）调用检测器的 forward()方法执行计算，获得预测结果。

（5）将可信度高于指定值的预测结果作为检测结果，在原图像中标注人脸，同时输出可信度作为参考。

示例代码如下。

```
#test9-4.py: DNN 人脸检测
import cv2
import numpy as np
from matplotlib import pyplot as plt
dnnnet = cv2.dnn.readNetFromCaffe("deploy.prototxt",         #加载训练好的模型
                "res10_300x300_ssd_iter_140000_fp16.caffemodel")
img = cv2.imread("heard.jpg")                                 #读取图像
h, w = img.shape[:2]                                          #获得图像尺寸
blobs = cv2.dnn.blobFromImage(img,1.0,(300,300),              #创建图像的块数据
                   [104., 117., 123.], False, False)
dnnnet.setInput(blobs)                                        #将块数据设置为输入数据
detections = dnnnet.forward()                                 #执行计算，获得预测结果
faces = 0
for i in range(0, detections.shape[2]):                       #迭代，输出可信度高的人脸检测结果
    confidence = detections[0, 0, i, 2]                       #获得可信度
    if confidence > 0.8:                                      #输出可信度高于 80%的结果
        faces += 1
        box = detections[0,0,i,3:7]*np.array([w,h,w,h])       #获得人脸在图像中的坐标
        x1,y1,x2,y2 = box.astype("int")
        y = y1 - 10 if y1 - 10 > 10 else y1 + 10              #计算可信度输出位置
        text = "%.3f"%(confidence * 100)+'%'
        cv2.rectangle(img,(x1,y1),(x2,y2),(255,0,0),2)        #标注人脸范围
        cv2.putText(img,text, (x1+20, y),                     #输出可信度
                    cv2.FONT_HERSHEY_SIMPLEX, 0.9, (0, 0, 255), 2)
cv2.imshow('faces',img)
cv2.waitKey(0)
```

程序运行结果如图 9-4 所示。

图 9-4　基于深度学习的人脸检测

9.2 人脸识别

OpenCV 提供了 3 种人脸识别方法：特征脸（EigenFaces）、人鱼脸（FisherFaces）和局

部二进制编码直方图（Local Binary Patterns Histograms，LBPH）。

9.2.1 EigenFaces 人脸识别

9.2.1 EigenFaces 人脸识别

EigenFaces 使用主要成分分析（Principal Component Analysis，PCA）方法将人脸数据从高维处理成低维后，获得人脸数据的主要成分信息，进而完成人脸识别。

EigenFaces 人脸识别的基本步骤如下。

（1）调用 cv2.face.EigenFaceRecognizer_create()方法创建 EigenFaces 识别器。

（2）调用识别器的 train()方法以便使用已知图像训练模型。

（3）调用识别器的 predict()方法以便使用未知图像进行识别，确认其身份。

cv2.face.EigenFaceRecognizer_create()函数的基本格式如下。

```
recognizer=cv2.face.EigenFaceRecognizer_create([num_components[,threshold]])
```

参数说明如下。

- recognizer 为返回的 EigenFaces 识别器对象。
- num_components 为分析时的分量个数；默认为 0，表示根据实际输入决定。
- threshold 为人脸识别时采用的阈值。

EigenFaces 识别器 train()方法的基本格式如下。

```
recognizer.train(src,labels)
```

参数说明如下。

- src 为用于训练的已知图像数组。所有图像必须为灰度图像，且大小要相同。
- labels 为标签数组，与已知图像数组中的人脸一一对应，同一个人的人脸标签应设置为相同值。

EigenFaces 识别器 predict()方法的基本格式如下。

```
label,confidence=recognizer.predict(testimg)
```

参数说明如下。

- testimg 为未知人脸图像，必须为灰度图像，且与训练图像大小相同。
- label 为返回的标签值。
- confidence 为返回的可信度，表示未知人脸和模型中已知人脸之间的距离。0 表示完全匹配，低于 5000 可认为是可靠的匹配结果。

示例代码如下。

```
#test9-5.py: EigenFaces 人脸识别
import cv2
import numpy as np
img11=cv2.imread('xl11.jpg',0)                          #打开图像，灰度图像
img12=cv2.imread('xl12.jpg',0)                          #打开图像，灰度图像
img13=cv2.imread('xl13.jpg',0)                          #打开图像，灰度图像
img21=cv2.imread('xl21.jpg',0)                          #打开图像，灰度图像
img22=cv2.imread('xl22.jpg',0)                          #打开图像，灰度图像
img23=cv2.imread('xl23.jpg',0)                          #打开图像，灰度图像
train_images=[img11,img12,img13,img21,img22,img23]      #创建训练图像数组
```

```
labels=np.array([0,0,0,1,1,1])                          #创建标签数组，0 和 1 表示训练图像数组中人脸的身份
recognizer=cv2.face.EigenFaceRecognizer_create()        #创建 EigenFaces 识别器
recognizer.train(train_images,labels)                   #执行训练操作
testimg=cv2.imread('test1.jpg',0)                       #打开测试图像
label,confidence=recognizer.predict(testimg)            #识别人脸
print('匹配标签：',label)                                #输出识别结果
print('可信度：',confidence)
```

程序中使用的训练人脸图像如图 9-5 所示。

图 9-5　训练人脸图像

程序中用于测试的未知人脸图像如图 9-6 所示。

图 9-6　未知人脸图像（1）

程序输出结果如下。

```
匹配标签：0
可信度：2121.875935493911
```

输出结果说明用于测试的未知人脸 test1.jpg 和用于训练的人脸 xl11.jpg、xl12.jpg 和 xl13.jpg 属于同一个人。

9.2.2　FisherFaces
人脸识别

9.2.2　FisherFaces 人脸识别

FisherFaces 使用线性判别分析（Linear Discriminant Analysis，LDA）方法实现人脸识别。

FisherFaces 人脸识别的基本步骤如下。

（1）调用 cv2.face.FisherFaceRecognizer_create()函数创建 FisherFaces 识别器。

（2）调用识别器的 train()方法以便使用已知图像训练模型。

（3）调用识别器的 predict()方法以便使用未知图像进行识别，确认其身份。

在 OpenCV 中，cv2.face.EigenFaceRecognizer 类和 cv2.face.FisherFaceRecognizer 类同属于 cv2.face.BasicFaceRecognizer 类、cv2.face.FaceRecognizer 类和 cv2.Algorithm 类的子类，对应的 xxx_create()、train()和 predict()等方法的基本格式与用法相同。

示例代码如下。

```
#test9-6.py：FisherFaces 人脸识别
import cv2
```

```
import numpy as np
#读入训练图像
img11=cv2.imread('xl11.jpg',0)                          #打开图像，灰度图像
img12=cv2.imread('xl12.jpg',0)                          #打开图像，灰度图像
img13=cv2.imread('xl13.jpg',0)                          #打开图像，灰度图像
img21=cv2.imread('xl21.jpg',0)                          #打开图像，灰度图像
img22=cv2.imread('xl22.jpg',0)                          #打开图像，灰度图像
img23=cv2.imread('xl23.jpg',0)                          #打开图像，灰度图像
train_images=[img11,img12,img13,img21,img22,img23]     #创建训练图像数组
labels=np.array([0,0,0,1,1,1])                         #创建标签数组，0和1表示训练图像数组中人脸的身份
recognizer=cv2.face.FisherFaceRecognizer_create()      #创建 FisherFaces 识别器
recognizer.train(train_images,labels)                  #执行训练操作
testimg=cv2.imread('test2.jpg',0)                      #打开测试图像
label,confidence=recognizer.predict(testimg)           #识别人脸
print('匹配标签：',label)
print('可信程度：',confidence)
```

程序中使用的训练人脸图像如图 9-5 所示，用于测试的未知人脸图像如图 9-7 所示。

图 9-7　未知人脸图像（2）

程序输出结果如下。

```
匹配标签：0
可信程度：661.0270821169286
```

输出结果说明用于测试的未知人脸 test2.jpg 和用于训练的人脸 xl21.jpg、xl22.jpg 和 xl23.jpg 属于同一个人。

9.2.3　LBPH 人脸识别

9.2.3　LBPH 人脸识别

LBPH 算法处理图像的基本原理如下。

- 取像素 x 周围（邻域）的 8 个像素与其比较，像素值比像素 x 大的取 0，否则取 1。将 8 个像素对应的 0、1 连接得到一个 8 位二进制数，将其转换为十进制数，作为像素 x 的 LBP 值。
- 对图像的所有像素按相同的方法进行处理，得到整个图像的 LBP 图像，该图像的直方图就是图像的 LBPH。

LBPH 人脸识别的基本步骤如下。

（1）调用 cv2.face.LBPHFaceRecognizer_create()函数创建 LBPH 识别器。

（2）调用识别器的 train()方法以便使用已知图像训练模型。

（3）调用识别器的 predict()方法以便使用未知图像进行识别，确认其身份。

cv2.face.LBPHFaceRecognizer_create()函数的基本格式如下。

```
recognizer= cv2.face.LBPHFaceRecognizer_create([,radius[,neighbors[,
                                        grid_x[,grid_y[,threshold]]]]])
```

参数说明如下。

- recognizer 为返回的 LBPH 识别器对象。
- radius 为邻域的半径大小。
- neighbors 为邻域内像素点的数量，默认为 8。
- grid_x 为将 LBP 图像划分为多个单元格时，水平方向上的单元格数量，默认为 8。
- grid_y 为将 LBP 图像划分为多个单元格时，垂直方向上的单元格数量，默认为 8。
- threshold 为人脸识别时采用的阈值。

LBPH 识别器 train()方法的基本格式如下。

```
recognizer.train(src,labels)
```

参数说明如下。

- src 为用于训练的已知图像数组。所有图像必须为灰度图像，且大小要相同。
- labels 为标签数组，与已知图像数组中的人脸一一对应，同一个人的人脸标签应设置为相同值。

LBPH 识别器 predict()方法的基本格式如下。

```
label,confidence=recognizer.predict(testimg)
```

参数说明如下。

- testimg 为未知人脸图像，必须为灰度图像，且与训练图像大小相同。
- label 为返回的识别标签值。
- confidence 为返回的可信程度，表示未知人脸和模型中已知人脸之间的距离。0 表示完全匹配，低于 50 可认为是非常可靠的匹配结果。

示例代码如下。

```
#test9-7.py: LBPH 人脸识别
import cv2
import numpy as np
#读入训练图像
img11=cv2.imread('xl11.jpg',0)                              #打开图像，灰度图像
img12=cv2.imread('xl12.jpg',0)                              #打开图像，灰度图像
img13=cv2.imread('xl13.jpg',0)                              #打开图像，灰度图像
img21=cv2.imread('xl21.jpg',0)                              #打开图像，灰度图像
img22=cv2.imread('xl22.jpg',0)                              #打开图像，灰度图像
img23=cv2.imread('xl23.jpg',0)                              #打开图像，灰度图像
train_images=[img11,img12,img13,img21,img22,img23]          #创建训练图像数组
labels=np.array([0,0,0,1,1,1])                              #创建标签数组，0 和 1 表示训练图像数组中人脸的身份
recognizer=cv2.face.LBPHFaceRecognizer_create()             #创建 LBPH 识别器
recognizer.train(train_images,labels)                       #执行训练操作
testimg=cv2.imread('test2.jpg',0)                           #打开测试图像
label,confidence=recognizer.predict(testimg)                #识别人脸
print('匹配标签：',label)
print('可信程度：',confidence)
```

程序中使用的训练人脸图像如图 9-5 所示，用于测试的未知人脸图像如图 9-7 所示。

程序输出结果如下。

```
匹配标签：1
可信程度：72.49861447316063
```

9.3 实验

9.3.1 实验 1：使用 Haar 级联检测器

9.3.1 实验 1：使用 Haar 级联检测器

1. 实验目的

进一步掌握使用 Haar 级联检测器检测人脸的基本方法。

2. 实验内容

使用 Haar 级联检测器检测图 9-8 所示图像中的人脸。

图 9-8 实验 1 原图

3. 实验过程

具体操作步骤如下。

（1）在 Windows 的“开始”菜单中选择“Python 3.8\IDLE”命令，启动 IDLE 交互环境。

（2）在 IDLE 交互环境中选择“File\New”命令，打开源代码编辑器。

（3）在源代码编辑器中输入下面的代码。

```
#test9-8.py：实验 1 使用 Haar 级联检测器检测人脸
import cv2
img=cv2.imread('hong.jpg')                                    #打开输入图像
gray = cv2.cvtColor(img,cv2.COLOR_BGR2GRAY)                   #转换为灰度图像
#加载人脸检测器
face = cv2.CascadeClassifier('haarcascade_frontalface_default.xml')
faces = face.detectMultiScale(gray,1.2,7)                     #执行人脸检测
for x,y,w,h in faces:
    cv2.rectangle(img,(x,y),(x+w,y+h),(255,0,0),2)            #绘制矩形标注人脸
cv2.imshow('faces',img)                                       #显示检测结果
cv2.waitKey(0)
```

（4）按【Ctrl+S】组合键保存程序文件，将文件命名为 test9-8.py。

（5）按【F5】键运行程序，运行结果如图 9-9 所示。在测试运行结果时，可调整 detectMultiScale()方法的第 2 和第 3 个参数，以获得较好的检测结果。

图 9-9　实验 1 运行结果

9.3.2　实验 2：使用 EigenFaces 人脸识别器

9.3.2　实验 2：使用 EigenFaces 人脸识别器

1. 实验目的

进一步掌握使用 EigenFaces 人脸识别器的基本方法。

2. 实验内容

使用 EigenFaces 人脸识别器对图 9-10 所示的图像（两个人，每人两张人脸图像）执行模型训练，用图 9-11 所示的两幅人脸图像作为测试图像，完成人脸识别操作。

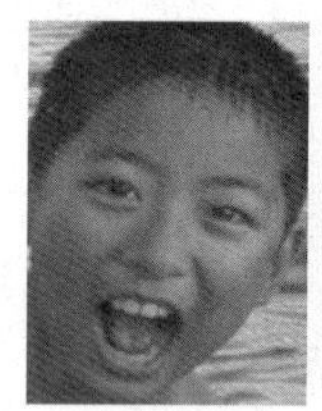
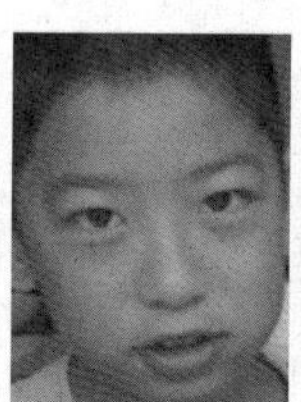
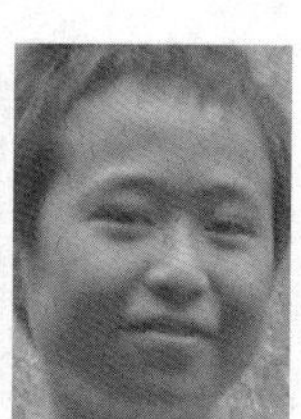
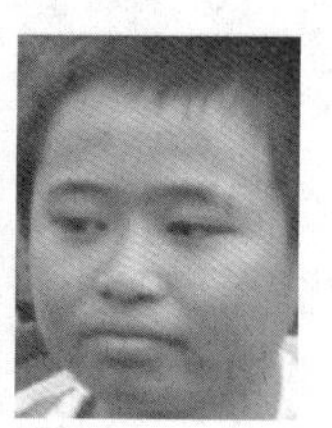

图 9-10　实验 2 训练图像

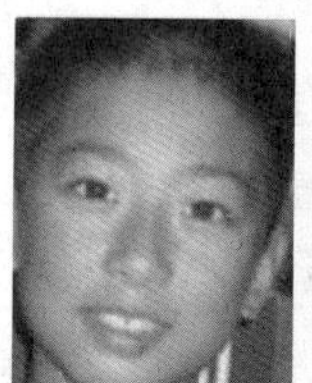

图 9-11　实验 2 测试图像

3. 实验过程

具体操作步骤如下。

（1）在 Windows 的“开始”菜单中选择“Python 3.8\IDLE”命令，启动 IDLE 交互环境。

（2）在 IDLE 交互环境中选择“File\New”命令，打开源代码编辑器。

（3）在源代码编辑器中输入下面的代码。

```
#test9-9.py：实验 2 使用 EigenFaces 人脸识别器
import cv2
import numpy as np
#读入训练图像
```

```
img11=cv2.imread('pt211.jpg',0)                    #打开图像，灰度图像
img12=cv2.imread('pt212.jpg',0)                    #打开图像，灰度图像
img21=cv2.imread('pt221.jpg',0)                    #打开图像，灰度图像
img22=cv2.imread('pt222.jpg',0)                    #打开图像，灰度图像
train_images=[img11,img12,img21,img22]             #创建训练图像数组
labels=np.array([0,0,1,1])                         #创建标签数组，0 和 1 表示训练图像数组中人脸的身份
recognizer=cv2.face.EigenFaceRecognizer_create()   #创建 EigenFaces 识别器
recognizer.train(train_images,labels)              #执行训练操作
testimg=cv2.imread('pt213.jpg',0)                  #打开测试图像
label,confidence=recognizer.predict(testimg)       #识别人脸
print('匹配标签：',label)
print('可信程度：',confidence)
```

（4）按【Ctrl+S】组合键保存程序文件，将文件命名为 test9-9.py。

（5）按【F5】键运行程序，用图 9-11 所示的第一幅图像进行人脸识别测试，运行输出结果如下。

```
匹配标签： 0
可信程度： 3027.1231940543557
```

（6）将测试图像替换为图 9-11 所示的第二幅图像，运行程序，输出结果如下。

```
匹配标签： 1
可信程度： 3124.5637721872354
```

习　题

1. 选择一幅图像，使用 Haar 级联检测器检测其中的人脸。
2. 选择一幅图像，使用基于深度学习的 TensorFlow 模型检测其中的人脸。
3. 选择一组图像，使用 EigenFaces 人脸识别器进行人脸识别。
4. 选择一组图像，使用 FisherFaces 人脸识别器进行人脸识别。
5. 选择一组图像，使用 LBPH 人脸识别器进行人脸识别。

第 10 章 机器学习和深度学习

机器学习（Machine Learning，ML）是人工智能的核心，它专门研究如何让计算机模拟和学习人类的行为。深度学习（Deep Learning，DL）是机器学习中的一个热门研究方向，它主要研究样本数据的内在规律和表示层次，让计算机能够像人一样具有分析与学习能力，能够识别文字、图像和声音等数据。本章主要介绍机器学习和深度学习在 OpenCV 中的应用。

10.1 机器学习

OpenCV 的机器学习模块（名称为 ml）实现了与机器学习有关的类和相关函数。本节主要介绍机器学习中的 k 最近邻（k-Nearest Neighbours，kNN）、支持向量机（Support Vector Machines，SVM）和 k 均值聚类（k-Means Clustering）等算法的使用。

10.1.1　kNN 算法

10.1.1　kNN 算法

kNN 算法将找出 *k* 个距离最近的邻居作为目标的同一类别。

1. 图解 kNN 算法

使用 OpenCV 的 ml 模块中的 kNN 算法的基本步骤如下。

（1）调用 cv2.ml.KNearest_create()函数创建 kNN 分类器。

（2）将训练数据和标志作为输入，调用 kNN 分类器的 train()方法训练模型。

（3）将待分类数据作为输入，调用 kNN 分类器的 findNearest()方法找出 *k* 个最近邻居，返回分类结果的相关信息。

下面的代码在图像中随机选择 20 个点，为每个点随机分配标志（0 或 1）；图像中用矩形表示标志 0，用三角形表示标志 1；再随机新增一个点，用 kNN 算法找出其邻居，并确定其标志（即完成分类）。

```
#test10-1.py：图解 kNN 算法
import cv2
import numpy as np
import matplotlib.pyplot as plt
points = np.random.randint(0,100,(20,2))                  #随机选择 20 个点
labels = np.random.randint(0,2,(20,1))                    #为随机点随机分配标志
label0s = points[labels.ravel()==0]                       #分出标志为 0 的点
plt.scatter(label0s[:,0],label0s[:,1],80,'b','s')         #将标志为 0 的点绘制为蓝色矩形
label1s = points[labels.ravel()==1]                       #分出标志为 1 的点
plt.scatter(label1s[:,0],label1s[:,1],80,'r','^')         #将标志为 1 的点绘制为红色三角形
```

```
newpoint = np.random.randint(0,100,(1,2))                          #随机选择一个点，下面确定其分类
plt.scatter(newpoint[:,0],newpoint[:,1],80,'g','o')                #将待分类新点绘制为绿色圆点
plt.show()
#进一步使用 kNN 算法确认待分类新点的类别、3 个最近邻居和距离
knn = cv2.ml.KNearest_create()                                     #创建 kNN 分类器
knn.train(points.astype(np.float32), cv2.ml.ROW_SAMPLE,
                         labels.astype(np.float32))                #训练模型
ret,results,neighbours,dist = knn.findNearest(
                         newpoint.astype(np.float32), 3)           #找出 3 个最近邻居
print( "新点标志: %s" % results)
print( "邻居: %s" % neighbours)
print( "距离: %s" % dist)
```

程序运行结果如图 10-1 所示。

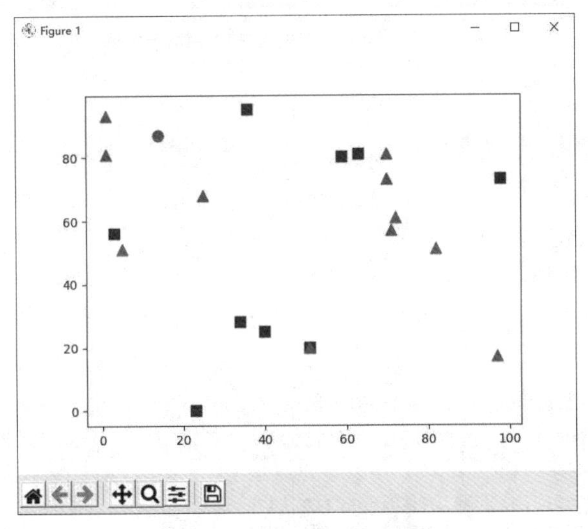

图 10-1　图解 kNN 算法

程序输出结果如下。

```
新点标志: [[1.]]
邻居: [[1. 1. 1.]]
距离: [[205. 205. 482.]]
```

从输出结果可以看出，kNN 算法为新点选择的 3 个最近邻居为图 10-1 中左上角所示的 3 个红色三角形，所以它的标志应为 1。

2. 用 kNN 算法实现手写数字识别

OpenCV 源代码中的“samples\data”文件夹下的 digits.png 文件是一个手写数字图像，如图 10-2 所示。

digits.png 的大小为 2000×1000，其中每个数字的大小为 20×20，每个数字的样本有 500 个（5 行、100 列），共有 5000 个数字样本。可使用这些数字图像来训练 kNN 模型和执行测试。

图 10-2　OpenCV 提供的手写数字图像

示例代码如下。

```
#test10-2.py：用 kNN 算法实现手写识别
import cv2
import numpy as np
import matplotlib.pyplot as plt
gray = cv2.imread('digits.png',0)                                    #读入手写数字的灰度图像
digits = [np.hsplit(r,100) for r in np.vsplit(gray,50)]              #分解数字：50 行、100 列
np_digits = np.array(digits)                                         #转换为 NumPy 数组
#准备训练数据，转换为二维数组，每个图像 400 个像素
train_data = np_digits.reshape(-1,400).astype(np.float32)
train_labels = np.repeat(np.arange(10),500)[:,np.newaxis]            #定义标志
knn = cv2.ml.KNearest_create()                                       #创建 kNN 分类器
knn.train(train_data, cv2.ml.ROW_SAMPLE, train_labels)               #训练模型
#用绘图工具创建的手写数字 5 图像（大小为 20×20）进行测试
test= cv2.imread('d5.jpg',0)                                         #打开图像
test_data=test.reshape(1,400).astype(np.float32)                     #转换为测试数据
ret,result,neighbours,dist = knn.findNearest(test_data,k=3)          #执行测试
print(result.ravel())                                                #输出测试结果
print(neighbours.ravel())
#将对手写数字 9 拍摄所得图像的大小转换为 20×20 进行测试
img2=cv2.imread('d9.jpg',0)
ret,img2=cv2.threshold(img2,150,255,cv2.THRESH_BINARY_INV)           #反二值化阈值处理
test_data=img2.reshape(1,400).astype(np.float32)                     #转换为测试数据
ret,result,neighbours,dist = knn.findNearest(test_data,k=3)          #执行测试
print(result.ravel())                                                #输出测试结果
print(neighbours.ravel())
```

程序中分别使用了使用绘图工具创建的数字和手写数字来测试识别效果，如图 10-3 所示。

图 10-3　用于测试的数字图像

程序输出的识别结果如下。

```
[5.]
[5. 5. 5.]
[9.]
[9. 9. 4.]
```

使用绘图工具创建的数字可以直接将其灰度图像转换为测试数据，没有像素损失，从输出结果可以看出，在 *k* 为 3 时 kNN 算法识别的准确率为 100%。手写数字拍照后，还需要经过阈值处理转换为测试数据，这会导致像素损失，在 *k* 为 3 时 kNN 算法识别的准确率为 2/3。

10.1.2 SVM 算法

10.1.2 SVM 算法

可使用一条直线将线性可分离的数据分为两组，这条直线在 SVM 算法中称为“决策边界”；非线性可分离的数据转换为高维数据后可称为线性可分离数据。这是 SVM 算法的理论基础。

1. 图解 SVM 算法

下面的代码在图像中选择了 5 个点，分为两类，类别标志分别为 0 和 1。将 5 个点和标志作为已知分类数据训练 SVM 模型；然后用模型对图像中的所有点进行分类，根据分类结果设置图像颜色，从而直观显示图像像素的分类结果。

```
#test10-3.py：图解 SVM 算法
import cv2
import numpy as np
import matplotlib.pyplot as plt
#准备训练数据，假设图像高 240，宽 320，在其中选择 5 个点
traindata = np.matrix([[140,60],[80,120],[160,110],[160,190],[240,180]],dtype=np.float32)
#5 个点，前 3 个点为一类，标志为 0；后 2 个点为一类，标志为 1
labels = np.array([0,0,0,1,1])
svm = cv2.ml.SVM_create()                                      #创建 SVM 分类器
svm.setGamma(0.50625)                                          #设置相关参数
svm.setC(12.5)
svm.setKernel(cv2.ml.SVM_LINEAR)
svm.setType(cv2.ml.SVM_C_SVC)
svm.setTermCriteria((cv2.TERM_CRITERIA_MAX_ITER, 100, 1e-6))
svm.train(traindata, cv2.ml.ROW_SAMPLE, labels)                #训练模型
img = np.zeros((240,320,3), dtype="uint8")                     #创建图像
colors = {0:(102,255,204),1:(204,204,102)}
#用 SVM 分类器对图像像素进行分类，根据分类结果设置像素颜色
for i in range(240):
    for j in range(320):
        point = np.matrix([[j,i]],dtype=np.float32)            #将像素坐标转换为测试数据
        label = svm.predict(point)[1].ravel()                  #执行预测，返回结果
        img[i,j] = colors[label[0]]                            #根据预测结果设置像素颜色
svm_vectors = svm.getUncompressedSupportVectors()              #获得 SVM 向量
for i in range(svm_vectors.shape[0]):                          #在图像中绘制 SVM 向量（红色圆）
    cv2.circle(img, (svm_vectors[i,0],svm_vectors[i,1]),8,(0,0,255),2)
#在图像中绘制训练数据点，类别标志 0 使用蓝色，类别标志 1 使用绿色
cv2.circle(img, (140,60),5,(255,0,0),-1)
```

```
cv2.circle(img, (80,120),5,(255,0,0),-1)
cv2.circle(img, (160,110),5,(255,0,0),-1)
cv2.circle(img, (160,190),5,(0,255,0),-1)
cv2.circle(img, (240,180),5,(0,255,0),-1)
img = cv2.cvtColor(img,cv2.COLOR_BGR2RGB)                    #转换为 RGB 格式
plt.imshow(img)
plt.show()                                                   #显示结果
```

程序运行结果如图 10-4 所示。

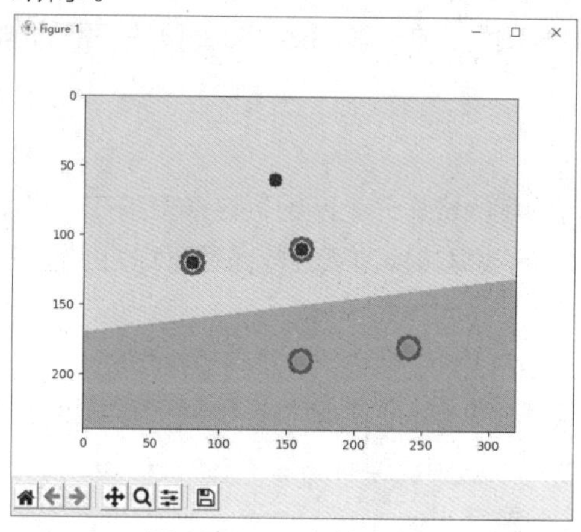

图 10-4　SVM 算法原理

从图 10-4 中可以看出，图像中上方的 3 个训练点为一类，下方的两个训练点为一类；图像中上下两种颜色的交界位置为决策边界。

2. 使用 SVM 算法识别手写数据

前面的例子中，kNN 算法直接使用了像素值作为特征向量。SVM 算法可使用图像的定向梯度直方图（Histogram of Oriented Gradients，HOG）作为特征向量来对图像进行分类。

示例代码如下。

```
#test10-4.py：使用 SVM 算法识别手写数据
import cv2
import numpy as np
def hog(img): #定义 HOG 描述符的计算函数
    hog = cv2.HOGDescriptor((20,20),(8,8),                       #定义 HOGDescriptor 对象
               (4,4),(8,8),9,1,-1,0,0.2,1,64,True)
    hog_descriptor=hog.compute(img)                              #计算 HOG 描述符
    hog_descriptor=np.squeeze(hog_descriptor)                    #转换为一维数组
    return hog_descriptor                                        #返回 HOG 描述符，144 位
img = cv2.imread('digits.png',0)
digits=[np.hsplit(row,100) for row in np.vsplit(img,50)]         #分解图像，50 行、100 列
labels = np.repeat(np.arange(10),500)[:,np.newaxis]              #定义对应的标记
hogdata = [list(map(hog,row)) for row in digits]                 #计算图像的 HOG 描述符
trainData = np.float32(hogdata).reshape(-1,144)                  #转换为测试数据
svm = cv2.ml.SVM_create()                                        #创建 SVM 分类器
#设置相关参数
svm.setKernel(cv2.ml.SVM_LINEAR)
svm.setType(cv2.ml.SVM_C_SVC)
svm.setC(2.67)
```

```
svm.setGamma(5.383)
svm.train(trainData, cv2.ml.ROW_SAMPLE, labels)            #训练模型
#用绘图工具创建的手写数字 5 图像（大小为 20×20）进行测试
test= cv2.imread('d5.jpg',0)                               #打开图像
test_data=hog(test)
test_data=test_data.reshape(1,144).astype(np.float32)      #转换为测试数据
result = svm.predict(test_data)[1]
print('识别结果: ',np.squeeze(result))
#用绘图工具创建的手写数字 8 图像（大小为 20×20）进行测试
test= cv2.imread('d8.jpg',0)
test_data=hog(test)
test_data=test_data.reshape(1,144).astype(np.float32)      #转换为测试数据
result = svm.predict(test_data)[1]
print('识别结果: ',np.squeeze(result))
```

程序输出结果如下。

```
识别结果: 5.0
识别结果: 8.0
```

10.1.3 k 均值聚类算法

10.1.3 k 均值聚类算法

k 均值聚类算法的基本原理是根据数据的密集程度寻找相对密集数据的质心，再根据质心完成数据分类。

1. 图解 k 均值聚类算法

下面的代码在大小为 240×320 的图像中选择 3 组数据点，为了便于说明 k 均值聚类算法，在选择数据点时设置了坐标的随机取值范围。将所有点作为分类数据，调用 cv2.kmeans()函数并应用 k 均值聚类算法进行分类；在图像中用不同颜色显示分类数据和质心。

```
#test10-5.py: 图解 k 均值聚类算法
import cv2
import numpy as np
from matplotlib import pyplot as plt
#创建聚类数据，3 个类别，每个类别包含 20 个点
data = np.vstack((np.random.randint(10,90,(20,2)),
                  np.random.randint(80,170, (20, 2)),
                  np.random.randint(160,250, (20, 2))))
data=data.astype(np.float32)
#定义算法终止条件
criteria = (cv2.TERM_CRITERIA_EPS + cv2.TERM_CRITERIA_MAX_ITER, 20, 1.0)
#使用 k 均值聚类算法执行分类操作，k=3，返回结果中 label 用于保存标志，center 用于保存质心
ret,label,center=cv2.kmeans(data,3,None,criteria,10,cv2.KMEANS_RANDOM_CENTERS)
#根据运算结果返回的标志将数据分为 3 组，便于绘制图像
data1 = data[label.ravel() == 0]
data2 = data[label.ravel() == 1]
data3 = data[label.ravel() == 2]
plt.scatter(data1[:,0], data1[:,1], c='r')                 #绘制第 1 类数据点，红色
plt.scatter(data2[:,0], data2[:,1], c='g')                 #绘制第 2 类数据点，绿色
plt.scatter(data3[:,0], data3[:,1], c='b')                 #绘制第 3 类数据点，蓝色
plt.scatter(center[:,0], center[:,1],100,
                        ['#CC3399'],'s')                   #绘制质心，颜色为#CC3399
plt.show()                                                 #显示结果
```

程序运行结果如图 10-5 所示。

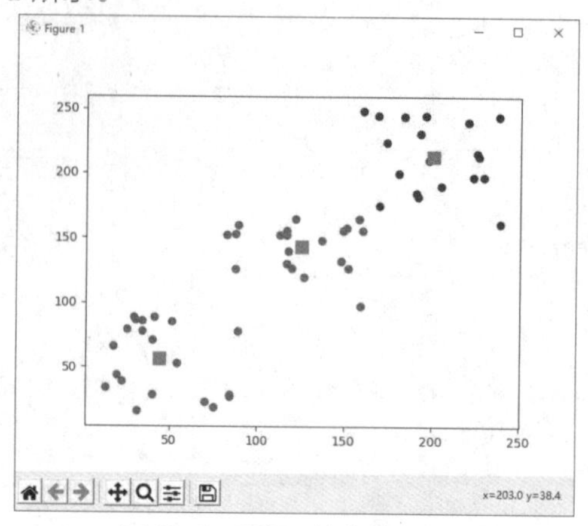

图 10-5　图解 k 均值聚类算法

2. 使用 k 均值聚类算法量化图像颜色

使用 k 均值聚类算法量化图像颜色，即将质心作为图像新的像素，从而减少图像中的颜色值，示例代码如下。

```
#test10-6.py：使用 k 均值聚类算法量化图像颜色
import cv2
import numpy as np
img = cv2.imread('bee.jpg')                          #打开图像
cv2.imshow('Original',img)                           #显示原图
img2 = img.reshape((-1,3)).astype(np.float32)        #转换为 n×3 的浮点类型数组，n=图像像素的总数÷3
#定义算法终止条件
criteria = (cv2.TERM_CRITERIA_EPS + cv2.TERM_CRITERIA_MAX_ITER, 10, 1.0)
K = 4
ret,label,center=cv2.kmeans(img2,K,None,criteria,10,cv2.KMEANS_RANDOM_CENTERS)
center = np.uint8(center)                            #将质心转换为整型
img3 = center[label.ravel()]                         #转换为一维数组
img3 = img3.reshape((img.shape))                     #恢复为原图像数组形状
cv2.imshow('K=4',img3)
cv2.waitKey(0)
```

图 10-6 所示为原图和 *k* 分别等于 4、8 和 12 时的处理结果图像。

（a）原图

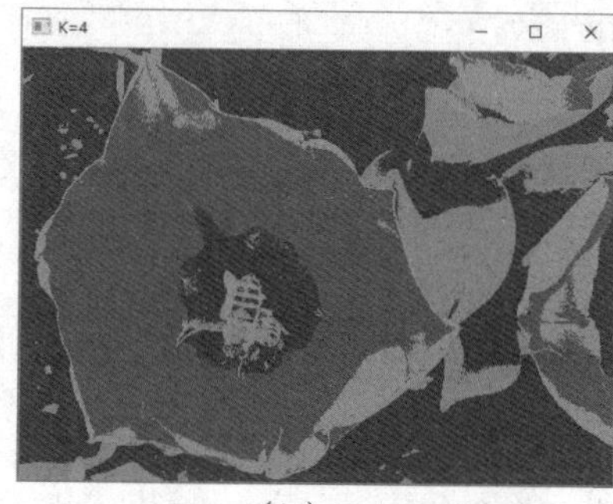

（b）*k*=4

图 10-6　使用 k 均值聚类算法量化图像颜色

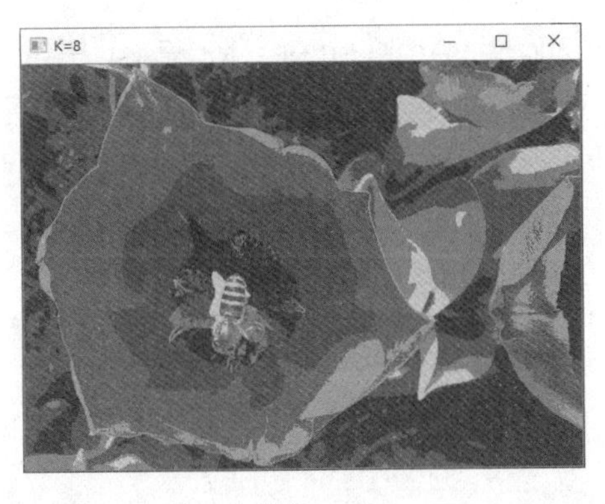

（c）k=8

（d）k=12

图 10-6　使用 k 均值聚类算法量化图像颜色（续）

10.2 深度学习

机器学习通常包含输入、特征提取、分类和输出 4 个步骤。深度学习通常分为输入、特征提取与分类和输出 3 个步骤，它将机器学习中的特征提取和分类合并在同一个步骤中完成。相对于机器学习，深度学习需要提供的输入数据量更大，计算量也更大。深度学习的“深度”体现在神经网络层次规模上，例如，ResNet 及其变种实现的神经网络多达上百层。

OpenCV 在 3.1 版本中引入了一个深度神经网络贡献模块（名称为 dnn），并在 3.3 版本中将其迁移到了主库中。dnn 模块目前实现前馈（推理）方法，只需要导入预训练模型即可实现基于深度学习的图像处理。OpenCV 支持目前流行的深度学习框架，包括 Caffe、TensorFlow 和 Torch/Pytorch 等，以及基于开放神经网络交换（Open Neural Network Exchange，ONNX）的框架。在应用程序中，只需要导入预训练模型，即可用准备好的数据执行预测操作，获得需要的处理结果。

10.2.1　基于深度学习的图像识别

10.2.1　基于深度学习的图像识别

图像识别是将图像内容作为一个对象来识别其类型。使用 OpenCV 中的深度学习预训练模型进行图像识别的基本步骤如下。

（1）从配置文件和预训练模型文件中加载模型。

（2）将图像文件处理为块数据（blob）。

（3）将图像文件的块数据设置为模型的输入。

（4）执行预测。

（5）处理预测结果。

1. 基于 AlexNet 和 Caffe 模型的图像识别

AlexNet 由 2012 年 ImageNet 竞赛冠军获得者辛顿（Hinton）和他的学生阿莱克斯・克里泽夫斯基（Alex Krizhevsky）设计，其网络结构包含了 5 层卷积神经网络（Convolutional Neural Network，CNN），3 层全连接网络，采用 GPU 来加速计算。在处理图像时，AlexNet 使用的图像块大小为 224×224。

Caffe 的全称为快速特征嵌入的卷积结构（Convolutional Architecture for Fast Feature Embedding），是一个兼具表达性、速度和思维模块化的深度学习框架。Caffe 由伯克利人工智能研究小组和伯克利视觉和学习中心开发。Caffe 内核用 C++实现，提供了 Python 和 Matlab 等接口。

下面的代码使用基于 AlexNet 和 Caffe 的预训练模型进行图像识别。

```
#test10-7.py：基于 AlexNet 和 Caffe 模型的图像识别
import cv2
import numpy as np
from matplotlib import pyplot as plt
from PIL import ImageFont, ImageDraw, Image
#读入文本文件中的类别名称，共 1000 种类别，每行为一个类别，从第 11 个字符开始为名称
# 基本格式如下
# n01440764 tench, Tinca tinca
# n01443537 goldfish, Carassius auratus
#...
file=open('classes.txt')
names=[r.strip() for r in file.readlines()]
file.close()
classes = [r[10:] for r in names]                    #获取每个类别的名称
#从文件中载入 Caffe 模型
net = cv2.dnn.readNetFromCaffe("AlexNet_deploy.txt","AlexNet_CaffeModel.dat")
image = cv2.imread("building.jpg")                   #打开图像，用于识别分类
#创建图像块数据，大小为(224,224)，颜色通道的均值缩减比例因子为(104, 117, 123)
blob = cv2.dnn.blobFromImage(image, 1, (224,224), (104, 117, 123))
net.setInput(blob)                                   #将图像块数据作为神经网络输入
#执行预测，返回结果是一个 1×1000 的数组，按顺序对应 1000 种类别的可信度
result = net.forward()
ptime, x = net.getPerfProfile()                      #获得完成预测时间
print('完成预测时间: %.2f ms' % (ptime * 1000.0 / cv2.getTickFrequency()))
sorted_ret = np.argsort(result[0])                   #将预测结果按可信度由高到低排序
top5 = sorted_ret[::-1][:5]                          #获得排名前 5 的预测结果
ctext = "类别: "+classes[top5[0]]
ptext = "可信度: {:.2%}".format(result[0][top5[0]])
#输出排名前 5 的预测结果
for (index, idx) in enumerate(top5):
    print("{}. 类别: {}, 可信度: {:.2%}".format(index + 1, classes[idx], result[0][idx]))
#在图像中输出排名第 1 的预测结果
fontpath = "STSONG.TTF"
font = ImageFont.truetype(fontpath,80)                   #载入中文字体，设置字号
img_pil = Image.fromarray(image)
draw = ImageDraw.Draw(img_pil)
draw.text((10, 10), ctext, font = font,fill=(0,0,255)) #绘制文字
draw.text((10,100), ptext, font = font,fill=(0,0,255))
img = np.array(img_pil)
img = cv2.cvtColor(img,cv2.COLOR_BGR2RGB)
```

```
plt.imshow(img)
plt.axis('off')
plt.show()                                                  #显示图像
```

程序运行结果如图 10-7 所示。

图 10-7　基于 AlexNet 和 Caffe 模型的图像识别结果

程序同时输出了可信度排名前 5 的预测结果。

```
完成预测时间: 26.92 ms
1. 类别: castle, 可信度: 99.03%
2. 类别: palace, 可信度: 0.31%
3. 类别: fountain, 可信度: 0.15%
4. 类别: breakwater, groin, groyne, mole, bulwark,seawall,jetty, 可信度: 0.13%
5. 类别: wreck, 可信度: 0.12%
```

2. 基于 ResNet 和 Caffe 模型进行图像识别

深度残差网络（Deep Residual Network，ResNet）由何凯明（Kaiming He）等人提出，其主要特点是在神经网络中增加了残差单元，可通过残差学习解决因网络深度增加带来的退化问题，提高预测准确率。

下面的代码使用基于 ResNet 和 Caffe 的预训练模型进行图像识别。

```
#test10-8.py: 基于 ResNet 和 Caffe 模型进行图像识别
import cv2
import numpy as np
from matplotlib import pyplot as plt
from PIL import ImageFont, ImageDraw, Image
#读入文本文件中的类别名称，共 1000 种类别，每行为一个类别
file=open('classes.txt')
names=[r.strip() for r in file.readlines()]
file.close()
classes = [r[10:] for r in names]                          #获取每个类别的名称
```

```
#从文件中载入 Caffe 模型
net = cv2.dnn.readNetFromCaffe("ResNet-50-deploy.prototxt",
                               "ResNet-50-model.caffemodel")
image = cv2.imread("building.jpg")                    #打开图像，用于识别分类
#创建图像块数据，大小为(220,220),颜色通道的均值缩减比例因子为(104, 117, 123)
blob = cv2.dnn.blobFromImage(image, 1,  (220, 220), (104, 117, 123))
net.setInput(blob)                                    #将图像块数据作为神经网络输入
result = net.forward()                                #执行预测
ptime, x = net.getPerfProfile()                       #获得完成预测时间
print('完成预测时间: %.2f ms' % (ptime * 1000.0 / cv2.getTickFrequency()))
sorted_ret = np.argsort(result[0])                    #将预测结果按可信度由高到低排序
top5 = sorted_ret[::-1][:5]                           #获得排名前 5 的预测结果
ctext = "类别: "+classes[top5[0]]
ptext = "可信度: {:.2%}".format(result[0][top5[0]])
#输出排名前 5 的预测结果
for (index, idx) in enumerate(top5):
   print("{}. 类别: {}, 可信度: {:.2%}".format(index + 1, classes[idx], result[0][idx]))
#在图像中输出排名第 1 的预测结果
fontpath = "STSONG.TTF"
font = ImageFont.truetype(fontpath,80)                #载入字体，设置字号
img_pil = Image.fromarray(image)
draw = ImageDraw.Draw(img_pil)
draw.text((10, 10), ctext, font = font,fill=(0,0,255)) #绘制文字
draw.text((10,100), ptext, font = font,fill=(0,0,255))
img = np.array(img_pil)
img = cv2.cvtColor(img,cv2.COLOR_BGR2RGB)
plt.imshow(img)
plt.axis('off')
plt.show()                                            #显示图像
```

程序运行结果如图 10-8 所示。

图 10-8　基于 ResNet 和 Caffe 模型的图像识别结果

程序输出结果如下。

```
完成预测时间: 206.91 ms
1. 类别: castle, 可信度: 87.18%
2. 类别: monastery, 可信度: 5.94%
3. 类别: palace, 可信度: 2.89%
4. 类别: church, church building, 可信度: 2.52%
5. 类别: fountain, 可信度: 0.50%
```

从输出结果可以看出，基于 ResNet 和 Caffe 模型的图像识别比基于 AlexNet 和 Caffe 模型的图像识别完成预测的时间更长，可信度略低。

10.2.2 基于深度学习的对象检测

10.2.2 基于深度学习的对象检测

对象检测是指检测出图像中的所有对象，并识别对象的类型。使用 OpenCV 中的深度学习预训练模型进行对象检测的基本步骤如下。

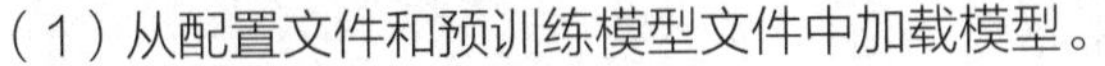

（1）从配置文件和预训练模型文件中加载模型。

（2）创建图像文件的块数据。

（3）将图像文件的块数据设置为模型的输入。

（4）执行预测。

（5）处理预测结果。

1. 使用基于 MobileNet_SSD 和 Caffe 的预训练模型进行对象检测

MobileNet 是安德鲁 • 霍华德（Andrew G. Howard）等人在其论文中提出的一种用于移动和嵌入式视觉应用的高效模型，它使用深度可分离卷积来构建轻型深度神经网络。

SSD（Single Shot MultiBox Detector）为单发多盒检测器，它是一种对象检测算法。MobileNet_SSD 结合了 MobileNet 和 SSD 的特点。

下面的代码使用基于 MobileNet_SSD 和 Caffe 的预训练模型进行对象检测。

```
#test10-9.py:使用基于 MobileNet_SSD 和 Caffe 的预训练模型进行对象检测
import cv2
import numpy as np
from matplotlib import pyplot as plt
import matplotlib
from PIL import ImageFont, ImageDraw, Image
#加载字体，以便显示汉字
fontpath = "STSONG.TTF"
font = ImageFont.truetype(fontpath,20)                        #载入字体，设置字号
font2 = {'family': 'STSONG', "size": 22}
matplotlib.rc('font', **font2)                                #设置 plt 字体
#准备对象名称类别
object_names = ('背景','飞机','自行车','鸟','船','瓶子','公共汽车','小汽车',
            '猫', '椅子', '牛', '餐桌', '狗', '马','摩托车',
             '人','盆栽', '羊', '沙发', '火车', '监视器')
mode = cv2.dnn.readNetFromCaffe("MobileNetSSD_deploy.txt",    #从文件中加载模型
                  "MobileNetSSD_Caffemodel.dat")
image = cv2.imread("objects.jpg")                             #打开用于对象检测的图像
blob = cv2.dnn.blobFromImage(image, 0.007843,(224,224),       #创建图像的块数据
                                          (120, 120, 127))
```

```
mode.setInput(blob)                                          #将块数据设置为模型输入
result = mode.forward()                                      #执行预测
ptime, x = mode.getPerfProfile()                             #获得完成预测时间
title='完成预测时间: %.2f ms' % (ptime * 1000.0 / cv2.getTickFrequency())
for i in range(result.shape[2]):                             #处理检测结果
    confidence = result[0, 0, i, 2]                          #获得可信度
    if confidence > 0.3:                                     #输出可信度大于 30%的检测结果
        a,id,a,x1,y1,x2,y2=result[0, 0, i]
        name_id = int(id)                                    #获得类别名称
        blob_size=280
        heightScale = image.shape[0] / blob_size             #计算原图像和图像块的高度比例
        widthScale = image.shape[1] / blob_size              #计算原图像和图像块的宽度比例
        #计算检测出的对象的左下角和右上角坐标
        x1 = int(x1 * blob_size * widthScale)
        y1 = int(y1 * blob_size * heightScale)
        x2 = int(x2 * blob_size * widthScale)
        y2 = int(y2 * blob_size * heightScale)
        cv2.rectangle(image,(x1,y1),(x2,y2),(0,255,0),2)     #绘制标识对象的绿色矩形
        #在图像中输出对象名称和可信度
        if name_id in range(len(object_names)):
            text = object_names[name_id] + "\n{:.1%}".format(confidence)
            img_pil = Image.fromarray(image)
            draw = ImageDraw.Draw(img_pil)
            draw.text((x1+5,y1), text, font = font,fill=(255,0,0))      #绘制文字
            image = np.array(img_pil)
img = cv2.cvtColor(image,cv2.COLOR_BGR2RGB)
plt.title(title)
plt.imshow(img)
plt.axis('off')
plt.show()
```

程序运行结果如图 10-9 所示，每个检测出的对象都用绿色矩形框标出，并输出了对应的名称和可信度。

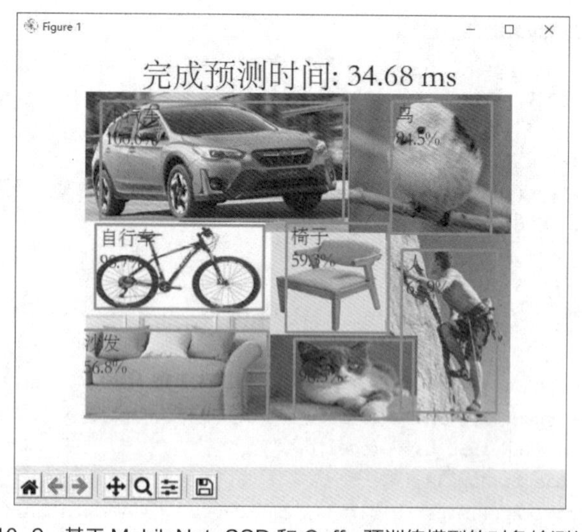

图 10-9　基于 MobileNet_SSD 和 Caffe 预训练模型的对象检测结果

2. 基于 YOLO 和 Darknet 预训练模型的对象检测

YOLO（You Only Look Once）算法是约瑟夫·雷蒙（Redmon）等人在其论文中提出的对象检测算法。YOLO 将图像分成若干个网格，对每个网格计算边框和可信度。

Darknet 是一个基于 C 语言与 CUDA 实现的开源深度学习框架，其主要特点是容易安装、移植性好、支持 CPU 与 GPU 计算。

OpenCV 的 cv2.dnn.readNetFromDarknet()函数用于从文件中加载基于 YOLO V3 和 Darknet 的预训练模型。

下面的代码使用基于 YOLO V3 和 Darknet 的预训练模型进行对象检测。

```
#test10-10.py:使用基于 YOLO V3 和 Darknet 的预训练模型进行对象检测
import cv2
import numpy as np
from matplotlib import pyplot as plt
import matplotlib
from PIL import ImageFont, ImageDraw, Image
#加载字体，以便显示汉字
fontpath = "STSONG.TTF"
font = ImageFont.truetype(fontpath,20)                    #载入字体，设置字号
font2 = {'family': 'STSONG', "size": 22}
matplotlib.rc('font', **font2)                            #设置 plt 字体
#从文件中加载已知的对象名称，文件保存了 80 个类别的对象名称，每行一个
f=open("object_names.txt",encoding='utf-8')
object_names = [r.strip() for r in f.readlines()]
f.close()
#从文件中加载预训练的 Darknet 模型
mode = cv2.dnn.readNetFromDarknet("yolov3.cfg", "yolov3.weights")
image = cv2.imread("objects.jpg")                         #打开图像文件
imgH,imgW = image.shape[:2]
out_layers = mode.getLayerNames()                         #获得输出层
out_layers = [out_layers[i[0] - 1] for i in mode.getUnconnectedOutLayers()]
blob = cv2.dnn.blobFromImage(image,1/255.0,(416,416),  #创建图像块数据
                    swapRB=True,crop=False)
mode.setInput(blob)                                       #将图像块数据设置为模型输入
layer_results = mode.forward(out_layers)                  #执行预测，返回每层的预测结果
ptime, _ = mode.getPerfProfile()
tilte_text='完成预测时间：%.2f ms' % (ptime*1000/cv2.getTickFrequency())
result_boxes = []
result_scores = []
result_name_id = []
for layer in layer_results:                               #遍历所有输出层
    for box in layer:                                     #遍历层的所有输出预测结果，每个结果为一个边框
        #预测结果结构：x, y, w, h, confidence, 80 个类别的概率
        probs = box[5:]
        class_id = np.argmax(probs)                       #找到概率最大的类别名称
        prob = probs[class_id]                            #找到最大的概率
```

```
        if prob > 0.5:                                        #筛选出概率大于 50%的类别
            #计算每个 box 在原图像中的绝对坐标
            box = box[0:4] * np.array([imgW, imgH, imgW, imgH])
            (centerX, centerY, width, height) = box.astype("int")
            x = int(centerX - (width / 2))
            y = int(centerY - (height / 2))
            result_boxes.append([x, y, int(width), int(height)])
            result_scores.append(float(prob))
            result_name_id.append(class_id)
#应用非最大值抑制消除重复边框，获得要绘制的 box
draw_boxes = cv2.dnn.NMSBoxes(result_boxes, result_scores, 0.6, 0.3)
if len(draw_boxes) > 0:
    for i in draw_boxes.ravel():
        #获得边框坐标
        (x, y) = (result_boxes[i][0], result_boxes[i][1])
        (w, h) = (result_boxes[i][2], result_boxes[i][3])
        #绘制边框
        cv2.rectangle(image,(x,y), (x+w,y+h),(0,255,0),1)
        #输出类别名称和可信度
        text=object_names[result_name_id[i]] +\
                            "\n{:.1%}".format(result_scores[i])
        img_pil = Image.fromarray(image)
        draw = ImageDraw.Draw(img_pil)
        draw.text((x+5,y), text, font = font,fill=(0,0,255))     #绘制文字
        image = np.array(img_pil)
img = cv2.cvtColor(image,cv2.COLOR_BGR2RGB)
plt.title(tilte_text)
plt.imshow(img)
plt.axis('off')
plt.show()
```

程序运行结果如图 10-10 所示。

图 10-10　基于 YOLO V3 和 Darknet 预训练模型的对象检测结果

10.3 实验

10.3.1 实验 1：调整图像颜色

10.3.1 实验 1：调整图像颜色

1. 实验目的

掌握机器学习中使用 k 均值聚类算法调整图像颜色的基本方法。

2. 实验内容

选择一幅图像，使用 k 均值聚类算法调整图像颜色，*k* 值可使用跟踪栏输入，如图 10-11 所示。其中，左图显示原图和跟踪栏，右图显示调整颜色后的图像。

图 10-11 调整图像颜色

3. 实验过程

具体操作步骤如下。

（1）在 Windows 的“开始”菜单中选择“Python 3.8\IDLE”命令，启动 IDLE 交互环境。

（2）在 IDLE 交互环境中选择“File\New”命令，打开源代码编辑器。

（3）在源代码编辑器中输入下面的代码。

```
#test10-11.py：实验 1 调整图像颜色
import cv2
import numpy as np
img = cv2.imread('gate.jpg')                                  #打开图像
img2 = img.reshape((-1,3)).astype(np.float32)                 #转换成大小为 n×3 的浮点类型数组
criteria = (cv2.TERM_CRITERIA_EPS+
               cv2.TERM_CRITERIA_MAX_ITER,10,1.0)             #定义算法终止条件
def doChange(x):
    K=cv2.getTrackbarPos('K','Main')
    if K>0:
        ret,label,center=cv2.kmeans(img2,K,None,
               criteria,10,cv2.KMEANS_RANDOM_CENTERS)         #执行 k 均值聚类操作
        center = np.uint8(center)                             #将质心转换为整型
        img3 = center[label.ravel()]                          #转换为一维数组
        img3 = img3.reshape((img.shape))                      #恢复为原图像数组形状
```

```
        cv2.imshow('Changed',img3)
cv2.namedWindow('Main')
cv2.createTrackbar('K','Main',0,20,doChange)              #创建跟踪栏
while(True):
    cv2.imshow('Main',img)                                #显示图像
    k = cv2.waitKey(1)
    if k == 27:                                           #按【Esc】键时结束
        break
cv2.destroyAllWindows()
```

（4）按【Ctrl+S】组合键保存程序文件，将文件命名为 test10-11.py。

（5）按【F5】键运行程序，运行结果如图 10-11 所示。

10.3.2 实验 2：检测视频中的对象

10.3.2 实验 2：检测视频中的对象

1. 实验目的

掌握基于深度学习的对象检测方法。

2. 实验内容

创建一个 Python 程序，使用 OpenCV 中基于深度学习的对象检测方法检测视频中的对象，如图 10-12 所示。

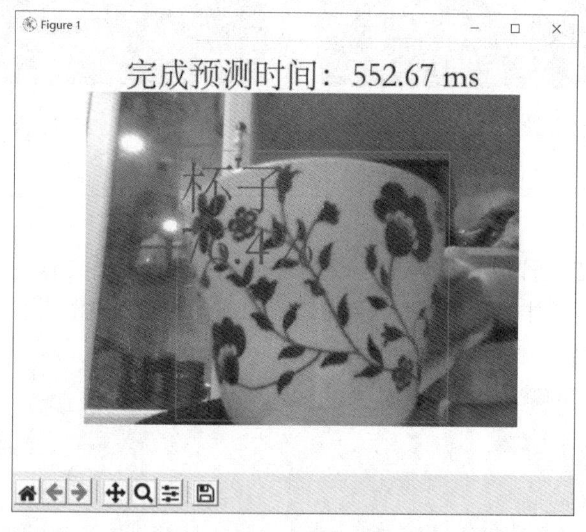

图 10-12　检测视频中的对象

3. 实验过程

具体操作步骤如下。

（1）在 Windows 的“开始”菜单中选择“Python 3.8\IDLE”命令，启动 IDLE 交互环境。

（2）在 IDLE 交互环境中选择“File\New”命令，打开源代码编辑器。

（3）在源代码编辑器中输入下面的代码。

```
#test10-12.py：实验 2 检测视频中的对象
import cv2
```

```
import numpy as np
from matplotlib import pyplot as plt
import matplotlib
from PIL import ImageFont, ImageDraw, Image
#加载字体，以便显示汉字
fontpath = "STSONG.TTF"
font = ImageFont.truetype(fontpath,20)                    #载入字体，设置字号
font2 = {'family': 'STSONG', "size": 22}
matplotlib.rc('font', **font2)                            #设置 plt 字体
#文件保存了 80 个类别的对象名称，每行一个
f=open("object_names.txt",encoding='utf-8')
object_names = [r.strip() for r in f.readlines()]
f.close()
#从文件中加载预训练的 Darknet 模型
mode = cv2.dnn.readNetFromDarknet("yolov3.cfg", "yolov3.weights")
capture = cv2.VideoCapture(0)                             #创建视频捕捉器对象
while True:
    ret, image = capture.read()                           #读摄像头的帧
    if image is None:
        break
    imgH,imgW = image.shape[:2]
    out_layers = mode.getLayerNames()                     #获得输出层
    out_layers = [out_layers[i[0] - 1] for i in mode.getUnconnectedOutLayers()]
    blob = cv2.dnn.blobFromImage(image,1/255.0,(416,416),    #创建图像块数据
                    swapRB=True,crop=False)
    mode.setInput(blob)                                   #将图像块数据设置为模型输入
    layer_results = mode.forward(out_layers)              #执行预测，返回每层的预测结果
    ptime, _ = mode.getPerfProfile()
    tilte_text='完成预测时间：%.2f ms' % (ptime*1000/cv2.getTickFrequency())
    result_boxes = []
    result_scores = []
    result_name_id = []
    for layer in layer_results:                           #遍历所有输出层
        for box in layer:                                 #遍历层的所有输出预测结果，每个结果为一个边框
            #预测结果结构：x, y, w, h, confidence，80 个类别的概率
            probs = box[5:]
            class_id = np.argmax(probs)                   #找到概率最大的类别名称
            prob = probs[class_id]                        #找到最大的概率
            if prob > 0.5:                                #筛选出概率大于 50%的类别
                #计算每个 box 在原图像中的绝对坐标
                box = box[0:4] * np.array([imgW, imgH, imgW, imgH])
                (centerX, centerY, width, height) = box.astype("int")
                x = int(centerX - (width / 2))
                y = int(centerY - (height / 2))
                result_boxes.append([x, y, int(width), int(height)])
                result_scores.append(float(prob))
```

```
            result_name_id.append(class_id)
    #应用非最大值抑制消除重复边框，获得要绘制的 box
    draw_boxes = cv2.dnn.NMSBoxes(result_boxes, result_scores, 0.6, 0.3)
    if len(draw_boxes) > 0:
        for i in draw_boxes.ravel():
            #获得边框坐标
            (x, y) = (result_boxes[i][0], result_boxes[i][1])
            (w, h) = (result_boxes[i][2], result_boxes[i][3])
            #绘制边框
            cv2.rectangle(image,(x,y), (x+w,y+h),(0,255,0),1)
            #输出类别名称和可信度
            text=object_names[result_name_id[i]] +\
                        "\n{:.1%}".format(result_scores[i])
            img_pil = Image.fromarray(image)
            draw = ImageDraw.Draw(img_pil)
            draw.text((x+5,y), text, font = font,fill=(0,0,255))    #绘制文字
            image = np.array(img_pil)
    img = cv2.cvtColor(image,cv2.COLOR_BGR2RGB)
    plt.title(tilte_text)
    plt.imshow(img)
    plt.axis('off')
    plt.show()
```

（4）按【Ctrl+S】组合键保存程序文件，将文件命名为 test10-12.py。

（5）按【F5】键运行程序，运行结果如图 10-12 所示。

习　题

1. 手写一串数字，使用机器学习中的 kNN 算法进行识别。

2. 选择一幅图像，使用机器学习中的 k 均值聚类算法调整图像颜色，*k* 值可以通过键盘输入。

3. 选择一幅图像，使用基于 AlexNet 和 Caffe 的预训练模型进行图像识别。

4. 选择一幅图像，使用基于 ResNet 和 Caffe 的预训练模型进行图像识别，要求类别名称使用中文。

5. 选择一幅图像，使用基于 MobileNet_SSD 和 Caffe 的预训练模型检测图像中的对象。